隔震与响应控制系统实用指南

Seismic Isolation and Response Control

[英] 安德烈亚斯·兰普罗普罗斯　主编

廖　军　译

张大文　校

张德祥　审

中国建筑工业出版社

著作权合同登记图字：01-2022-4432 号

图书在版编目（CIP）数据

隔震与响应控制系统实用指南 /［英］安德烈亚斯 · 兰普罗普罗斯主编；廖军译. —北京：中国建筑工业出版社，2023.9

书名原文：Seismic Isolation and Response Control

ISBN 978-7-112-28603-4

Ⅰ. ①隔… Ⅱ. ①安…②廖… Ⅲ. ①隔震—控制系统—指南 Ⅳ. ①TU352.1-62

中国国家版本馆CIP数据核字（2023）第059403号

责任编辑：率　琦
责任校对：王　烨

隔震与响应控制系统实用指南
Seismic Isolation and Response Control

［英］安德烈亚斯 · 兰普罗普罗斯　主编
廖　军　译
张大文　校
张德祥　审
*
中国建筑工业出版社出版、发行（北京海淀三里河路 9 号）
各地新华书店、建筑书店经销
北京点击世代文化传媒有限公司制版
北京中科印刷有限公司印刷
*
开本：787 毫米 ×1092 毫米　1/16　印张：6¼　字数：128 千字
2023 年 9 月第一版　2023 年 9 月第一次印刷
定价：**48.00** 元
ISBN 978-7-112-28603-4
（41079）

撰稿人简介

安德烈亚斯·兰普罗普罗斯
（Andreas Lampropoulos）
英国布莱顿大学土木工程首席讲师，专门研究新型建筑材料和既有结构物的抗震加固和改造。

埃夫蒂基亚·阿波斯托利迪
（Eftychia Apostolidi）
德国达姆施塔特工业大学结构力学与设计学院（ISM+D）及奥地利维也纳自然资源与生命科学大学（BOKU）结构工程学院（IKI）博士后助理研究员。

斯特凡诺斯·德里特索斯
（Stephanos Dritsos）
希腊帕特雷大学土木工程系名誉教授，专门研究地震工程和结构物抗震改造。

赫里斯托斯·贾雷利斯
（Christos Giarlelis）
希腊西阿提卡大学土木工程系兼职讲师，结构工程师，埃奎达斯（EQUIDAS）咨询工程师协会联合创始人。

何塞·哈拉
（José Jara）
墨西哥米却肯大学土木工程学院客座教授。

法提赫·叙特曲
（Fatih Sutcu）
伊斯坦布尔技术大学土木工程学院助理教授兼地震工程项目协调人。

竹内执
（Toru Takeuchi）
日本东京理科大学建筑工程系教授。

乔·怀特
（Joe White）
荷兰霍尔姆斯咨询集团有限合伙公司商务经理兼项目总监。

前　言

提高新结构和既有结构的抗震能力事关保护地震多发地区人民的生命安全和减少经济损失，因此是当务之急。为设计新的抗震建筑物实施的现代抗震规范，以及既有缺陷结构物修复与加固技术的进步，都致力于提高新结构物和既有结构物的结构性能。然而，在许多情况下，通过使用隔震与响应控制装置减少结构物中的诱发荷载，从而减轻地震的影响，这更为可取。其主要原则是，在结构物的基础上采用适当的隔震与响应控制装置，将提供更多的灵活性和能量吸收特性，防止共振，并显著减少诱发荷载和变形。对于有特殊要求的建筑物（博物馆、医院及其内所包含的精密仪器和其他对位移和加速度敏感的设备等），减少变形也是采用这些方法的主要原因之一，例如地震引起的有限位移。

隔震与响应控制系统的应用已经成为一项常见技术，不仅适用于新结构设计，而且适用于既有结构物的升级改造。目前，多种系统得到开发，新建筑隔震设计中的一些有限信息也纳入了现代抗震规范。然而，由于在为新结构物和既有结构物选择、设计合适的系统方面缺乏专业知识，妨碍了隔震与响应控制系统在实践中的广泛应用，对从业者构成了主要挑战。将这些系统应用于既有结构物更具挑战性，因为在安装过程中，可能会遇到额外的实际困难。选择合适的系统取决于大量的参数，包括要求和所研究的结构物的特殊性。工程师需要考虑各种可能的系统，而在许多情况下，适当技术的选择以及设计过程，就是处理许多迭代和可选方案的一个过程。

本书的第一部分侧重于收集最常用的隔震与响应控制系统，并对这些系统的主要特点进行评估，而针对具有隔震系统的新建筑物设计则比较了设计过程中的关键参数，随后提供了来自新西兰、希腊和墨西哥的四个实例，以及一个来自日本的响应控制系统实例。本书还研究了隔震系统与响应控制系统在改造既有结构物上的应用，介绍了土耳其和希腊应用隔震系统的两个实例，以及日本、土耳其和新西兰在既有结构物中应用响应控制系统的三个实例。最后，依据隔震结构物的震后调查观测结果，对应用这些系统的效率进行了评估。

本书的主要目的是为隔震与响应控制系统的选择提供一本实用指南，并对设计和应用过程的主要步骤进行阐释。这项工作作为国际桥梁与结构工程协会（IABSE）1.1任务小组“提高钢筋混凝土结构物的抗震能力”的主要任务之一而实施，即第一委员会“性能和要求”的一部分。

这项工作由国际桥梁与结构工程协会1.1任务小组主席安德烈亚斯·兰普罗普罗斯博士（编辑）协调，并提出了由下列成员构成的合作团队（按字母顺序排列）：埃夫蒂基亚·阿波斯托利迪博士、斯特凡诺斯·德里特索斯教授、赫里斯托斯·贾雷利斯先生、何塞·哈拉教授、法提赫·叙特曲教授、竹内执教授和乔·怀特博士。

第1章由斯特凡诺斯·德里特索斯教授主持编写，第2章、第3章的3.1和3.2由法提赫·叙特曲教授、竹内执教授和赫里斯托斯·贾雷利斯先生主持编写。赫里斯托斯·贾雷利斯先生还主持编写了希腊的三个实例，何塞·哈拉教授主持编写了墨西哥的实例，法提赫·叙特曲教授主持编写了土耳其的两个实例，竹内执教授主持编写了日本的两个实例，乔·怀特博士主持编写了新西兰的两个实例，埃夫蒂基亚·阿波斯托利迪博士参与了本书主体部分的改进与完善。名单中的所有作者都为本书作出了贡献，本书是集体努力的结果。

在此谨向审稿人法布里齐奥·帕尔米萨诺（Fabrizio Palmisano）教授（首席审稿人和编委），阿尔贝托·帕韦斯（Alberto Pavese）教授和巴哈德尔·萨丹（Bahadir Sadan）助理教授表示诚挚的谢意，感谢他们全面而宝贵的意见和建议。

最后，要感谢国际桥梁与结构工程协会第一委员会主席尼尔斯·彼得·霍伊（Niels Peter Hoj）先生和会刊编委会主席哈沙·苏巴拉奥（Harsha Subbarao）博士，在本书编写过程中，他们给予了持续的鼓励和支持。

安德烈亚斯·兰普罗普罗斯博士

目　录

撰稿人简介

前言

缩略语表

第 1 章　引言 …… 1

第 2 章　隔震与响应控制系统 …… 5

2.1　基本概念 …… 5

2.2　隔震系统 …… 8

2.2.1　隔震支座类型 …… 8

2.2.2　隔震消能组件 …… 15

2.2.3　隔震系统的选择 …… 16

2.2.4　支座更换 …… 17

2.3　响应控制系统 …… 17

2.4　隔震与响应控制系统的总结和比较 …… 21

第 3 章　有隔震装置的新建筑物设计 …… 24

3.1　有隔震装置的新建筑物设计 …… 24

3.2　隔震设计基础 …… 26

3.3　隔震建筑物中设备的抗震接头和柔性连接 …… 29

3.4　使用隔震的设计实例 …… 32

3.4.1　新西兰基督城 9 层住宅楼 …… 32

3.4.2　希腊雅典斯塔夫罗斯・尼阿科斯基金会文化中心 …… 34

3.4.3　墨西哥巴尔萨斯河上的英菲尼洛Ⅱ号桥 …… 38

3.4.4　希腊雅典奥纳西斯文化中心（斯泰吉）…… 41

3.5　新建筑物的响应控制设计 …… 44

3.6　响应控制系统设计基础 …… 44

3.7 响应控制设计实例：日本东京工业大学环境节能创新建筑，有屈曲约束支撑的钢制低层建筑 …… 47
3.7.1 项目目标 …… 47
3.7.2 设计及性能确认 …… 48

第 4 章 采用隔震与响应控制系统进行抗震改造 …… 50
4.1 隔震改造设计实例 …… 50
4.1.1 土耳其伊斯坦布尔钢筋混凝土医院综合体的隔震改造 …… 50
4.1.2 希腊雅典使用隔震的住宅建筑改造项目 …… 55
4.2 响应控制改造设计实例 …… 58
4.2.1 日本东京使用包括集成立面的有屈曲约束支撑的改造钢筋混凝土建筑物 …… 58
4.2.2 土耳其伊斯坦布尔使用有屈曲约束支撑的钢筋混凝土教学楼响应控制改造的全尺寸实验 …… 66
4.2.3 新西兰基督城使用黏滞阻尼器改造 8 层楼钢筋混凝土建筑物 …… 72

第 5 章 震后调查观察 …… 76
5.1 日本石卷市石卷红十字会医院的隔震医院大楼 …… 76
5.2 日本福岛郡山大眼大厦，有黏弹性阻尼器和有屈曲约束支撑的高层建筑物 …… 80

参考文献 …… 83

缩略语表

AIJ（Architectural Institute of Japan）：日本建筑学会
BRB（Buckling-Restrained Braces）：屈曲约束支撑
CFD（Computational Fluid Dynamics）：计算流体力学
DBE（Design Basis Earthquake）：设计基准地震
DCLS（Damage Control Limit State）：破坏控制极限状态
EEI（Environmental Energy Innovation）：环境能源创新
ELFM（Equivalent Lateral Force Method）：等效侧力法
FPS（Friction Pendulum System）：摩擦摆系统
FVD（Fluid Viscous Dampers）：液体黏滞阻尼器
HDRB（High Damping Rubber Bearings）：高阻尼橡胶支座
HVAC（Heating，Ventilation and Air Conditioning）：暖通和空调
IBC（International Building Code）：国际建筑规范
LDD（Low Damage Design）：低破损设计
LDRB（Low Damping Rubber Bearings）：低阻尼橡胶支座
LRB（Lead-plug Rubber Bearings）：铅塞式橡胶支座
MCE（Maximum Considered Earthquake）：最大考虑地震
MEP（Mechanical，Electrical and Plumbing）：机械、电气及管路系统
NLTHA（Non-Linear Time-History Analysis）：非线性时程分析
NRB（Natural Rubber Bearings）：天然橡胶支座
PGA（Peak Ground Acceleration）：峰值地面加速度
PRB（Polymer Plug Rubber Bearings）：聚合物塞式橡胶支座
RC（Reinforced Concrete）：钢筋混凝土
RSA（Response Spectrum Analysis）：响应谱分析
SB（Sliding Bearings）：滑动支座
SDOF（Single Degree of Freedom）：单一自由度
SNFCC（Stavros Niarchos Foundation Cultural Centre）：斯塔夫罗斯·尼阿科斯基金会文化中心
SSI（Soil-Structure Interaction）：土-结构物的相互作用
ULS（Ultimate Limit State）：最大极限状态

第1章　引言

传统上结构的设计一直遵循安全验证规则，即在结构的任何元素中，设计作用效果应低于各自的阻力。到目前为止，上述验证主要是基于力进行的。这种所谓的基于力的设计一直是规范中采用的主要设计方法。基于该方法，当结构的所有要素满足安全验证标准时，才能保证整个结构的安全；当超出了一个或多个结构要素的能力范围时，则不必研究结构的性能。

在过去的25年中，工程界采用了基于位移的设计概念，不仅根据构件的位移，而且根据整个结构物的位移进行安全验证。由于确定了位移，结构的功能性也能得到验证。

最近，通过整体验证标准，采用全局观念，针对一组地震情形，一种将结构的安全性、完整性、稳定性和功能性进行集成验证的想法获得的依据和关注越来越多。虽然要考虑每个要素对整体结构性能的贡献，但是一般来说，没有必要验证它们中每一个要素的完整性，同时根据受检结构的重要性，允许出现一定程度的损坏。规范现已将此纳入其中，采用的是特定的性能或破坏度，把结构物作为一个整体看待，以应对相关的损失。基于位移的设计是地震工程的突破性方法。

然而，现代过度开发和人口过剩的社会日益增长的需求，以及极端事件（例如地震）的惊人后果，可能导致大量的死亡和资源枯竭，并最终导致社会崩溃。因此，迫切需要开发一种基于"弹性"的方法。

开发该方法的一个关键因素是考量和量化广泛的直接和间接损失。传统上，工程界主要关注地震事件后的维修和重建成本。然而，人类生命、纪念碑、历史建筑或博物馆展品的损失可能比受损结构的修复和重建成本更有价值。除了这些"直接"后果之外，还应考虑间接损失。间接损失不仅包括人们无法继续工作或使用房屋，造成的经济活动损失，还包括生活质量的降低。对地震和其他灾害后果进行量化和评估是一个相当复杂的过程，发生事件后对社区造成的影响通常会持续几年，甚至几十年。[1, 2]

因此，在确定实际损失成本方面，地震事件后的恢复速度和总时间起着非常重要的作用。图1.1定性地展示了强地震事件后结构正常功能的中断。总恢复时间，即停机时间，由公式（1.1）给出：

$$\Delta T = T_{\mathrm{r}} - T_0 \tag{1.1}$$

式中：

T_0——地震发生的时间；

T_r——结构恢复到原来功能所需的时间。

显然，最理想的结果是地震发生时损失最小，然后恢复时间较短。如果我们在抗震设计中采用上述概念，就可以实现基于弹性的设计。

尽管文献中有很多关于弹性的定义，但弹性的核心包括两个关键参数，即坚固性和恢复性。在下文中，坚固性被认为是任何资产或实体（系统、社会、城市、企业、个人、结构）在危机[3]面前维持关键操作和功能的能力。危机可定义为任何自然或人为威胁（地震、洪水、风、爆炸或爆破、火灾、化学品、生物或放射性物质），也包括经济危机或大流行病。恢复性是指任何资产或实体在中断后尽快、有效恢复和（或）继续正常运营的能力。[3]

因此，通过高度坚固性和快速恢复性手段，基于弹性的抗震设计实现了最小的直接和间接损失的目标。对于图 1.1，它可以用与弹性损失相对应的最小可能的虚线区域来表示。

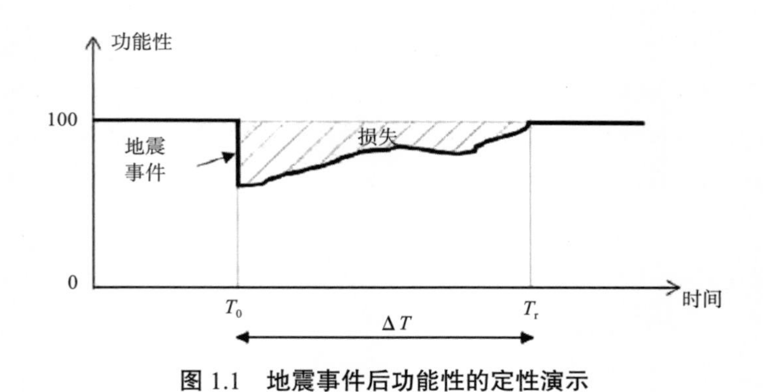

图 1.1 地震事件后功能性的定性演示

在上述设计框架中，隔震与响应控制系统可以被认为是强震后实现结构高弹性的最合适方法。这些系统的应用减少了对建筑物的结构要素及非结构要素的要求，通过防止结构的永久性损坏，并安装那些在极端情况下可以“轻松”更换的系统，提供高度坚固性和快速恢复性。这些系统将极大地减轻破坏程度，并减少随后的直接和间接损失。据报道[2]，修复、重建费用和财务损失大大低于按照常规规范设计的相应损失。此外，对于可能造成不可替代损失（例如，文化损失或大量生命丧失）的结构物，隔震与响应控制系统似乎是设计或改造它们的最合适的方法。因此，针对纪念性或历史性的建筑物、博物馆、核反应堆等，当传统方法不能提供所需的抗震保护时，上述高弹性方法应为首选。此外，上述方法很适合医院、消防局、发电厂、水处理厂、重要行政大楼、警察局或广播电信服务设施，因为在强震期间和之后，这些设施的服务中断，会极大地降低整个社会的恢复力。上述方法的另一个优点是，它们符合“为所有人设计”的规则，因为诸如老幼病残等易受伤害群体，其安全水平应与其他任何群体的安全水平相同。

（a）

（b）

图 1.2 （a）奥克兰市政厅（摄影： Sanfranman59，CC-BY-SA 3-0 [5]**）；（b）帕萨迪纳市政厅（摄影：** Bobak Ha'Eri，CC-BY-SA 3.0 [6]**）**

在许多情况下，就费用而言，人们发现：上述方法以最少的额外投资提供了高恢复力。值得一提的是，与其他没有隔震的可选设计方案相比 [4]，在某些情况下，应用隔震技术，节省的工程造价相当可观（约 30%）。然而，人们还应考虑的额外费用有：维护及潜在的隔震系统更换。

到目前为止，世界各地已经采用隔震或响应控制系统设计或改造了数千座重要建筑。值得一提的是一些文化价值很高的实例，如犹他州的盐湖城政府大楼（美国首例在既有建筑物上应用隔震技术）、奥克兰市政厅［图 1.2（a）］、帕萨迪纳市政厅［图 1.2（b）］、詹姆斯·R. 布朗宁的美国上诉法院大楼、东京的西方艺术国家博物馆（日本首例在既有建筑物上应用隔震技术）、惠灵顿的新西兰议会图书馆和议会大厦（新西兰首例在既有建筑物上应用隔震技术）。

第 2 章　隔震与响应控制系统

隔震与响应控制是用来保护建筑物结构、非结构构件、内含物等免受地震破坏影响的抗震保护方法。

隔震是一种将结构的自振周期移至约 2.0 ~ 4.0s 的长周期范围的方法，通常在基础层放置隔震支座，从而使结构与地面物理隔离。然而，也有例外，抗震隔离可用于结构的上层或隔震结构的基本周期超过 4.0s 的情况。隔震层由水平柔性装置组成，该装置能把结构物的重新定位与消能能力相结合，使上部结构的侧向刚度降低。支座中的消能（或单独平行放置阻尼器）可以增加整个系统的有效阻尼比，结果是减少了加速度和剪切力响应。这种方法最适用于低层到中层的刚性结构，在这种结构中，柔性隔震支座和刚性上部结构之间固有周期的明确区分，最大限度地减少了横向加速度的传递。在此情况下，通常可以设计一个隔震系统，即使在出现最大考虑地震（MCE）事件后，仍然能使上部结构保持弹性。

另一方面，响应控制是一种技术，在结构上安装消能装置，可以提高结构的完整性，降低结构的动力响应，或在地震或风等动力激励下控制更高的模态效应。

这些方法各有优点，可为建筑结构提供最高的抗震保护。同样重要的是，通常可以防止或在很大程度上减少对非结构项目（隔墙、顶棚、围护结构和建筑设备等）的损坏。此外，由于诱导加速度较低，结构的内含物得到了更好的保护。当建筑物和（或）其内含物非常重要时（如医院、数据中心、交通设施等），即使在大地震之后，隔震与响应控制技术也能使建筑物保持其功能。同样的，这些技术也可以应用于地震期间和震后需要不间断运行的工业建筑、桥梁结构物或其他重要设施。这些方法既可以应用于新型结构，又可以用作改造既有结构物的方案。

这两种方法被认为是在地震工程中的创新应用，其应用数量在世界范围内正日益增加。

2.1　基本概念

结构的抗震响应取决于结构的固有周期和阻尼比。图 2.1 为根据各种国际标准显示出的典型地震波谱。在常规强度设计的钢筋混凝土结构中，要构建隔震或响应控制概念，必须考虑以下几点：

——固有周期：在与图 2.1 的水平谱分支相对应的、固有周期约为 0.2 ~ 0.6s 的结构中诱导出加速度峰值。从频谱的上升分支和下降分支（图 2.1）可以看出，在刚性土场地上，加速度以较低或较高的周期显著降低。低层建筑的固有周期很短（小于 0.2s），但由于破坏发生在地震的初始阶段，其固有周期可移至 0.2 ~ 0.6s 范围，这通常是中等高度建筑物的固有周期范围。因此，低层到中层建筑物可以从隔震中显著受益，即便对高层建筑而言，隔震仍然是有益的。

——阻尼比：传统强度设计的钢筋混凝土结构通常具有较低的阻尼比，可能导致重大的破坏，这已经被过去的地震所证明。在大多数常见的结构周期内，任何结构阻尼的增加都会降低加速度。

为了改善这些特性，在过去的几十年里，已经开发出了上述两种方法，即隔震与响应控制系统。

图 2.2 为地震事件前三种不同状态下的概念性低矮钢筋混凝土框架：常规设计（固定基础）、隔震、响应控制。

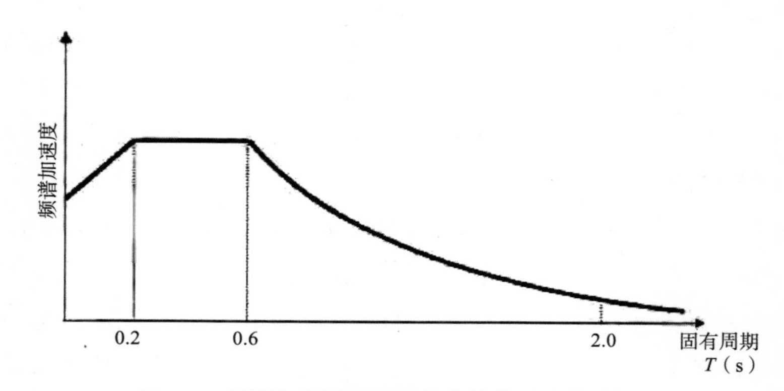

图 2.1 根据各种国际标准得出的典型地震波谱

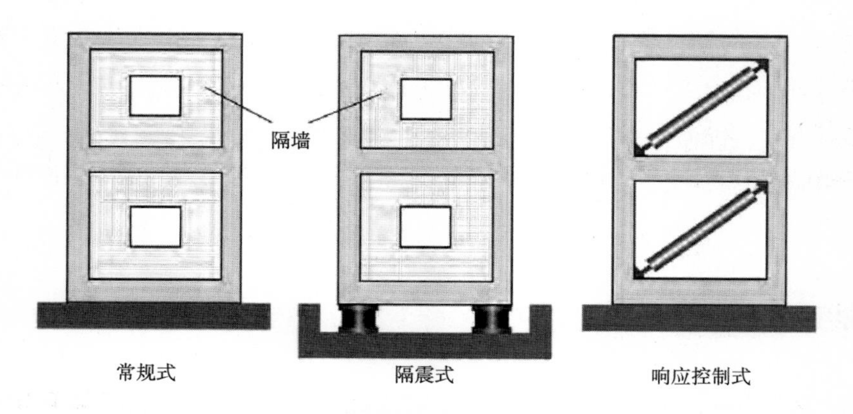

图 2.2 常规、隔震与响应控制系统的概念描述

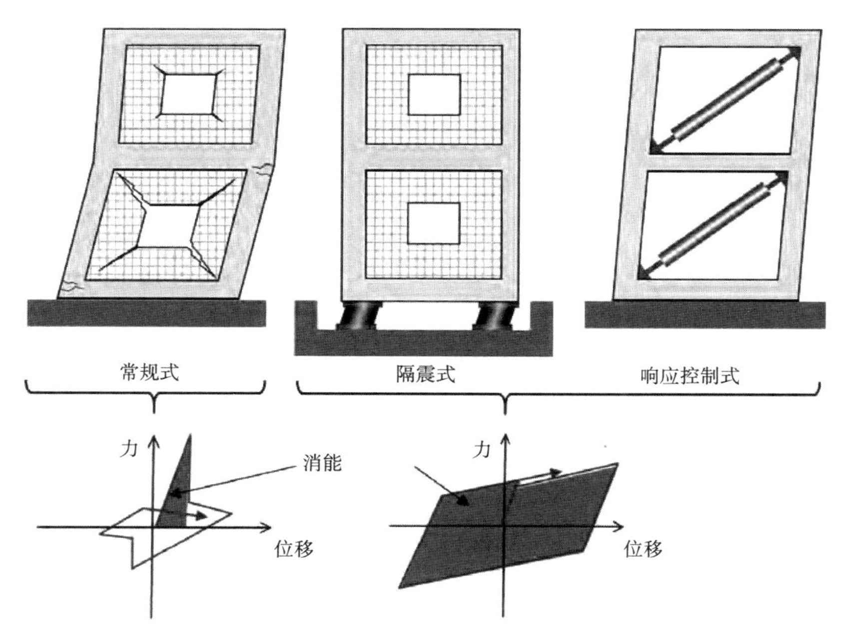

图 2.3　隔震与响应控制系统对地震作用下低矮钢筋混凝土框架结构物消能的影响

图 2.3 显示了同样的钢筋混凝土框架在上述三种状态下的情形，但这次是在地震中。传统建筑结构遭受了严重的破坏，而采用隔震与响应控制系统的建筑几乎保持无损，因为隔震和消能装置承受了地震荷载引起的变形。

在地震期间，这三种结构体系的力 – 位移关系如图 2.3 所示。力 – 位移曲线反映了结构性状的变化，循环周期的封闭区域是地震运动时的消能区。隔震与响应控制系统具有消能和承受地震引起变形的能力（图 2.3）。

对于更高、更灵活，且有相对较长固有周期的结构物，可使用响应控制装置。这些系统通过安装消能装置增大阻尼比，从而降低结构的响应。通过阻尼器消能，如果有可能保持主要结构的弹性，并且限制频谱加速度值的话，那么就可以实现地震后结构物的即时占用。即使无此可能，与标准方法相比，抗震响应仍然可以得到显著改善。现已证明响应控制系统比隔震系统更经济。

另外，还要研究土的作用。尽管已经进行过大量研究，但关于土 – 结构相互作用（SSI）对建立在软土地基上的结构物的抗震性能所产生的影响，仍存在着一定的争议。[7]

设计实践中，在刚性土的情况下，忽略土 – 结构相互作用影响被认为是一种便于分析的保守简化方法。但在某些情况下，特定的（一般是软弱的）土质类型存在着沉降风险，应考虑土 – 结构相互作用的影响。对于隔震结构，土 – 结构相互作用与隔震的组合作用引起了研究者的兴趣。某些著作的研究成果特别有趣。Kelly[8] 在软土地基上孤立核设施地震响应所进行的实验研究表明，设计应考虑由于土 – 结构相互作用产生的大量位移需求。Tsai 等人[9]对摩擦摆系统（FPS）孤立建筑与土的相互作用性状进行了研究，认为土－结构相互作用会导致更大的位移，在某些情况下产生更大的剪力。Spyrakos 等人[10]指出，土－结构相互作用会影响系统的模态特性，但对阻尼的影响很小。最近，Manolis 和 Markou[11]进行了一项数值土－结构相互作用研究，考察了各种不同参数的相互作用，这些不同参数影响了隔震结构的结构响应。他们倡导根据特定地质条件和地震活动，在微调结构设计方面注重土－结构相互作用的重要性。

在所有上述研究中，这些结构物都位于浅基础上。然而，如果采用设计合理的桩基，将会使土－结构相互作用的影响最小化。[12]为了实现良好的设计，消除桩头的任何相对位移，并增加土－基础系统刚度的做法很关键。前者通过建造一面强大的心墙连接所有桩头来实现，同时有必要优化桩数，增加刚度。

下文讲述最常用的隔震装置和响应控制系统的详细配置。

2.2 隔震系统

隔震系统由两个组件组成，其各自功能如下：

——隔震组件，支承来自上部结构的重力荷载，并创建一个隔震面，在那里能出现显著移动。这个隔震面增加了结构的固有周期。

——消能组件，增加有效阻尼比。

在许多国家（如新西兰、希腊、意大利、美国、土耳其），这两种组件和功能通常组合在同一装置中。在每个柱和承重墙下面放置一套含有一个隔震支座的装置，该装置同时提供阻尼。

在其他国家（如日本），隔震支座和阻尼器是分开的。隔震支座安装在承重柱或墙体基础下，因为阻尼器不支承垂直荷载，所以独立的消能阻尼器安装在基础梁下方，例如跨中位置。在日本系统中，典型的装置布置如图 2.4 所示。

2.2.1 隔震支座类型

在目前的实践中，有两种主要的隔震支座类型普遍纳入了国际规范，即橡胶隔震支座（弹性体隔震支座）和摩擦摆支座（球面滑动支座）。

除了这两种类型之外，还有一些新型装置也成功用于建筑结构、桥梁结构、重型能源装备、暖通设备或气罐的隔震。许多公司正在进行此类研究和开发。第 2.4 节给出了几种不同类型隔震器的优缺点对比表。

作为新型装置的一个例子，还可包括弹簧式隔震器（图 2.5）。该系统的主要优点是不受抬升力影响。然而，基周期一般不会超过 2.0s。该系统采用了水平和垂直方向都很灵活的大型螺旋钢弹簧，因此，可以在所有三个方向上有效工作，而不像大多数其他现有系统仅提供水平方向隔震。通常情况下，该系统与一个阻尼装置一起工作。

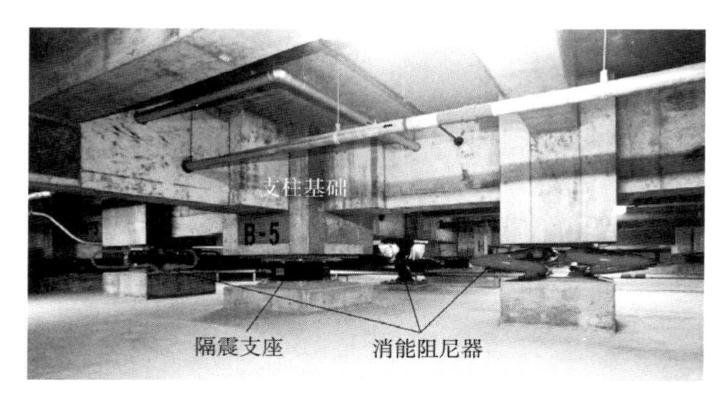

图 2.4　日本隔离层装置的典型布局（摄影：T. 武内）

图 2.5　加利福尼亚州圣塔莫尼卡市安装在 3 层联排别墅下的弹簧黏滞阻尼系统（摄影：Shustov. CC-BY-SA 3.0[14]）

三维隔震是另一个新颖的例子，它将天然橡胶支座、空气弹簧、黏滞阻尼器和垂直滑块组合在一起，以隔离地震运动的所有组成部分。[13] 日本应用了这种独特方法，如图 2.6 所示。

有一些测试程序用来评估隔震装置的性能，分为两部分：原型试验和生产试验。通常为原型破坏性试验制造两个额外的隔震器，试验结束后会做处理。只有当所需装置具有独特的尺寸和材料性能时，才会在项目中进行原型试验。原型试验结果可用于隔震结构的设计。原型试验是动态试验，应在独立的测试中心进行，并且试样是全尺寸的。然而，在某些情况下，原型测试是在制造商的动态测试设施中进行的，主要由独立的审查人员监督。大多数原型试验加载协议包括设计轴向荷载，以及代表不同程度地震效应的若干水平荷载。生产试验是“质量控制试验”，确保隔震支座的性能符合设计裕度。生产试验通常由制造商在内部进行，针对的是某一项目生产的实际支座。然而，有时客户可能需要额外的独立测试。根据相关规范要求，对 100% 的支座，或根据规范指定的一定百分比，例如 30% 或更高比例的装置进行生产测试。生产试验一般包括两项试验，一项是确定装置轴向刚度的轴向加载试验，另一项是确定支座的侧向刚度和阻尼特性的带轴向荷载的侧向加载试验。

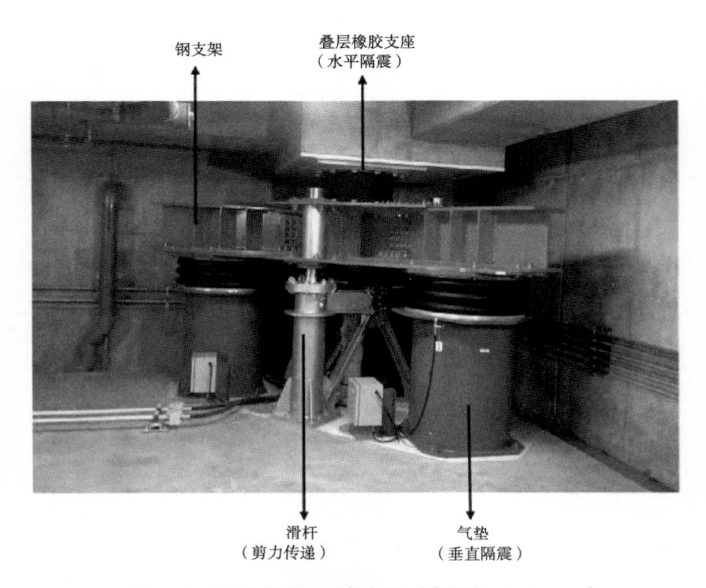

图 2.6 三维隔震系统应用（摄影：F. Sutcu）

2.2.1.1 叠层橡胶支座

一种最常见的隔震支座是叠层天然橡胶支座（NRB），它由橡胶板和钢板或纤维板组成。当有天然橡胶可用时，天然橡胶支座是隔震器的热门选择。然而，由石油合成的合成橡胶也被广泛使用。后一种情况下的巨大优势是机械特性的稳定性，以及根据所使用的部件和生产工艺对其进行校准的可能性。叠层天然橡胶支座也适用于限制装置的失稳。

典型橡胶支座的组成如图 2.7 所示。全橡胶块在水平面和垂直面上都是柔性的，因此不适合用来支承建筑物的重量。通过将叠层橡胶与钢板结合在一起，垂直刚度显著增加到水平方向刚度的约 2000 倍。这意味着支座能够支承上部结构的重量，同时在水平方向上保持长时间的固有周期。此外，在发生地震事件后，这些支座自动定心。

标准的天然橡胶支座本身提供低阻尼。然而，可以通过使用高阻尼橡胶或插入铅芯来增加阻尼，铅芯在受压屈服时提供阻尼（图 2.8）。铅芯的屈服需要较大的剪切力。因此，这些支座不适合地震活动性低的地区。虽然抬升力或张力可能会对隔震系统产生一些不利影响，但本书未予涉及。铅塞橡胶支座（LRB）是美国和新西兰最受欢迎的装置之一，在那里有显著的地震活动，因此组合支座或阻尼器是首选。另一方面，高阻尼橡胶支座（HDRB）在截面上看起来与天然橡胶支座相似。需要指出的是，日本广泛使用具有大量消能能力的特制橡胶合成产品和高阻尼橡胶支座。天然橡胶支座阻尼比通常较低（约 7%），而高阻尼橡胶支座和铅塞橡胶支座阻尼比可达 20% ~ 30%。

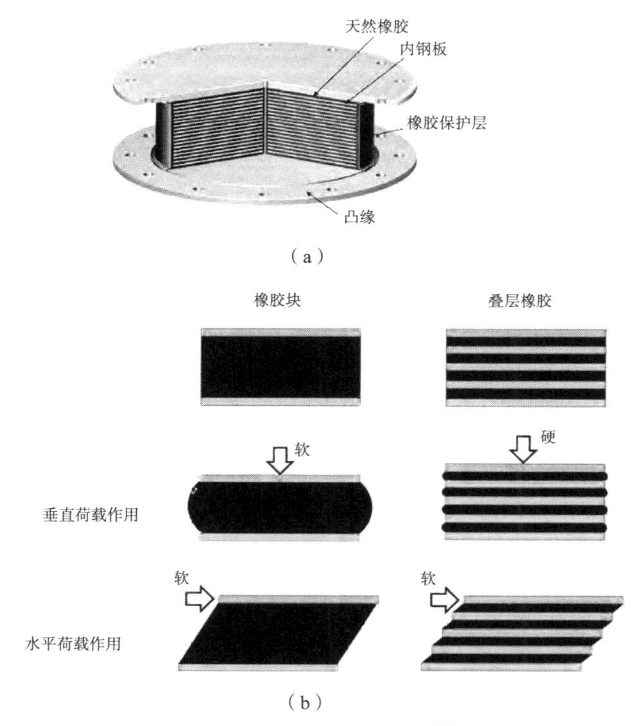

图 2.7　叠层天然橡胶支座（NRB）:（a）三维视图[15];（b）加载条件下的变形

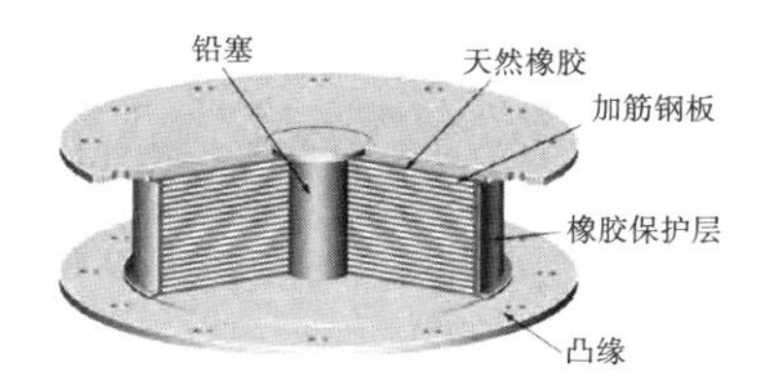

图 2.8　铅塞式橡胶支座（LRB）[15]

2.2.1.2　摩擦摆系统（FPS）支座

另一个常用的装置是摩擦摆系统支座，如图 2.9 所示。该装置还包括一个隔震支座和一个阻尼器。它由一组凹板组成，凹板之间插入一个单滑块，用于单摆和双摆隔震器，或多个滑块用于三摩擦摆或带铰链滑块的摆。当水平移动时，滑块沿着凹板的球面移动。上部结构因此被隔离，像钟摆一样随着装置的顶板移动。滑块或滑块与凹板之间的摩擦消能，从而提供阻尼。此外，这些装置通常具有旋转功能。支座的固有周期是板球面曲率半径的函数。与叠层天然橡胶支座相比，特别是在结构较轻或位移较大的情况下，摩擦摆系统支座的固有周期更容易预测。隔震系统的有效周期是由支座表面的半径和摩擦特性决定的，因此隔震系统的性状与垂直荷载无关。由于隔震器的刚度中心与结构的质量中心重合，结构的扭转运动被最小化，同时，应该指出的是，摩擦摆系统不能承受拉伸作用。虽然抬升力或张力可能会对隔震系统产生一些不利影响，但本书未予涉及。

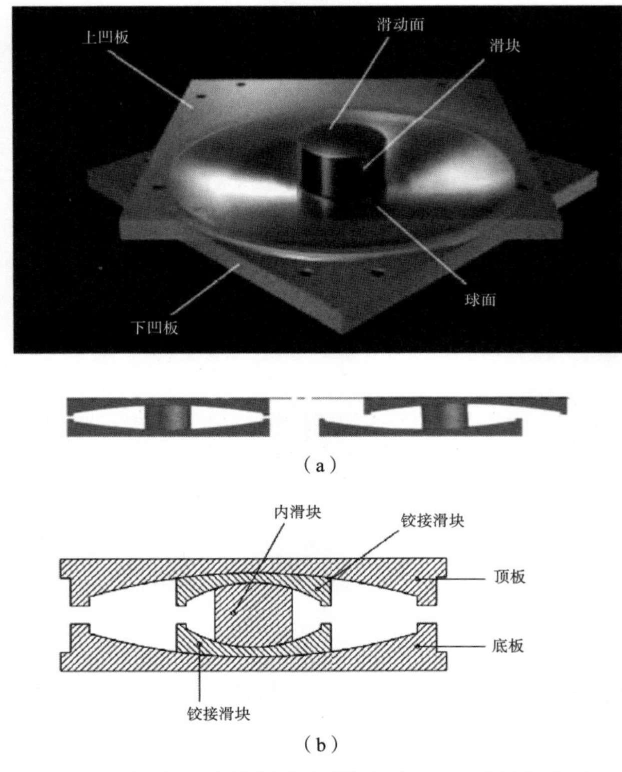

图 2.9 （a）双摩擦摆支座 [24] 和（b）三摩擦摆支座

单摆和双摆[图 2.9（a）]支座得到广泛应用。当然也有三摆支座[图 2.9（b）]。后者在较低的地震力下被激活，从而在较低强度的地震下提高性能。摩擦摆系统支座的历史发展、简化的设计程序、实验动态响应，以及一些高级课题，诸如滑动面的摩擦加热、安装缺陷或恢复能力的影响等，在文献中都有广泛讨论。随着该领域研究的深入，这些装置的特性和性能不断提高，同时也为系统的分析和设计开发了更可靠的模型。一系列的研究论文描述了这些系统的设计现状。[16-20]

摩擦摆系统的设计公式相对简单。基于摩擦摆系统型隔震器，该结构可被模拟成一个质量为 m 的单一自由度（SDOF）系统。系统的性状由图 2.10 的双线性模型表述。[21-23] 有效刚度 K_{eff} 采用公式（2.1）计算。

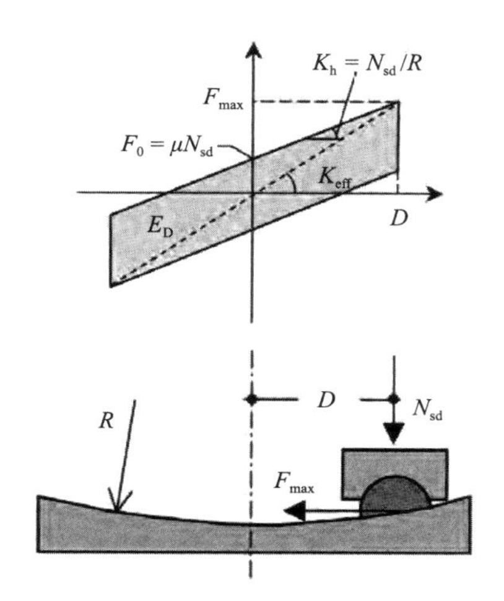

图 2.10　摩擦摆系统支座双线性模型

$$K_{eff} = \frac{N_{sd}}{R} + \frac{\mu N_{sd}}{D} \tag{2.1}$$

式中：

N_{sd}——支座上的正常载荷，由公式（2.2）给出；

R——滑动面曲率半径；

μ——摩擦系数（典型取值范围：0.01 ～ 0.08）；

D——系统的水平位移。

$$N_{sd} = mg \tag{2.2}$$

如图 2.10 所示，公式（2.1）的第一项 K_h 与质量上升引起的恢复力有关，第二项与消能有关。系统的基本周期由公式（2.3）给出。

$$T_{eff} = 2\pi\sqrt{\frac{m}{K_{eff}}} \tag{2.3}$$

将公式（2.1）和公式（2.2）分别代入参数 K_{eff} 和 m 后，由公式（2.3）得到公式（2.4）。

$$T_{eff} = 2\pi\sqrt{\frac{RD}{gD+\mu gR}} \tag{2.4}$$

因此，有效周期取决于滑动面的曲率半径、摩擦系数和系统的水平位移。计算阻尼系数ξ时，可采用公式（2.5）[23]：

$$\xi=\frac{1}{2\pi}\frac{\sum E_{\mathrm{D}}}{K_{\mathrm{eff}}D^{2}} \tag{2.5}$$

式中：

D——结构在所考虑方向上的位移；

E_{D}——由图 2.10 所示双线性模型的滞变回线面积给出的每一个位移周期内支座上的消能，由下式给出：

$$E_{\mathrm{D}}=4\mu N_{\mathrm{sd}}D \tag{2.6}$$

对于单一自由度（SDOF）系统，将公式（2.6）中 E_{D} 代入公式（2.5）可得：

$$\xi=\frac{2}{\pi}\frac{\mu}{D/R+\mu} \tag{2.7}$$

2.2.1.3　平滑块

在某些情况下，为使消能保持在一定水平，并限制侧向刚度和基底剪力，可使用滑动支座（SB）（图 2.11）。它们经常与铅塞橡胶支座结合使用。例如，与其将铅塞橡胶支座放置在结构的每个柱下，还不如将平滑块组合使用，从而增加阻尼和刚度。如果必须抵抗上升荷载，可以使用双向线性滑块（交叉线性支座），如图 2.12（a）所示。当组合使用隔震器时，应特别注意可能出现的相对垂直位移。

平滑块不应与摩擦摆系统一起使用，因为在移动过程中，摩擦摆系统会向上移动，造成平滑块滑动面之间的接触丢失。作为隔震系统的补充装置，平滑块不具备回到中心位置的能力。回到中心位置要依赖于主隔震装置，如铅塞橡胶支座。因此，建筑物中滑块与铅塞橡胶支座应比例适当，其位置应精挑细选。交叉线性支座的应用如图 2.12（b）所示。

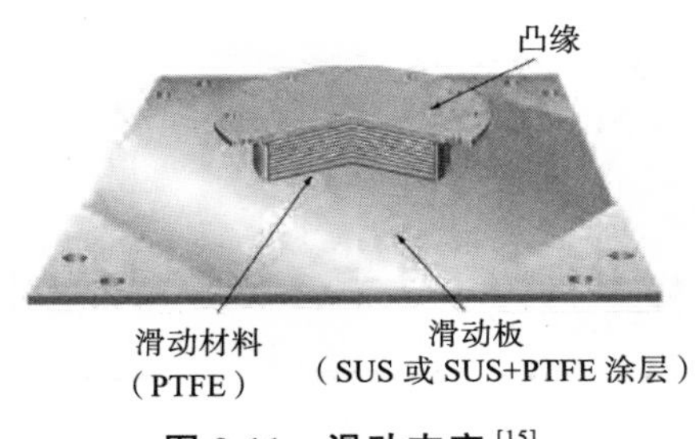

图 2.11　滑动支座 [15]

图 2.12　（a）线性滑块 [25] 和（b）结构上的实际应用（摄影：T. Takeuchi）

2.2.2　隔震消能组件

像日本这样有高地震风险的国家，在隔震层中，隔震支座和阻尼器是分开的，因此需要采用特定的消能组件。U 型钢阻尼器是应用最广泛的阻尼器之一，如图 2.13（a）和（b）所示。该装置在水平移动时可以表现出高达 ±500mm 的稳定的滞后性。它们经常与叠层天然橡胶支座组合使用 [图 2.13（c）]。与铅塞橡胶支座相比，地震后已遭破坏的 U 型钢阻尼器组件，其检查和更换更容易。然而，需要指出的是，与 U 型钢阻尼器不同，在地震事件后，设计良好的铅塞橡胶支座极少需要更换。图 2.13（d）所示为 U 型钢阻尼器的典型滞变回线，红线表示用于设计目的的骨干曲线。

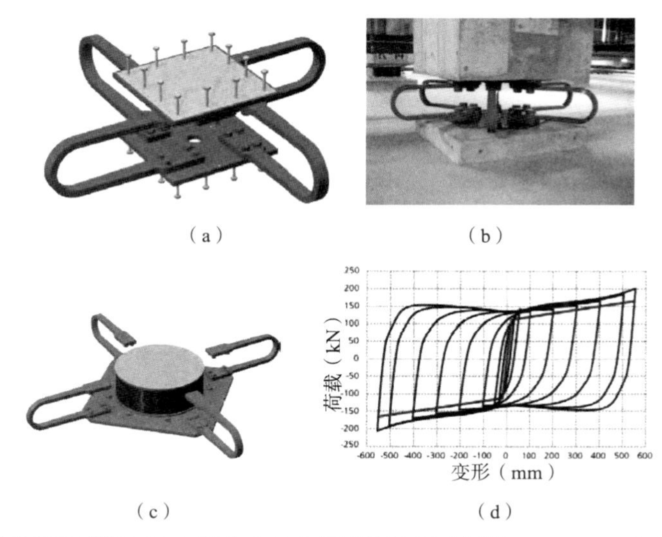

图 2.13　（a）U 型钢阻尼器和（b）其在立柱上的实际应用（摄影：S.Yamada）；（c）U 型钢阻尼器与叠层橡胶支座组合应用；（d）U 型钢阻尼器的滞后性 [26]

另外两种隔震阻尼器是铅阻尼器，如图 2.14 所示，以及流体黏滞（油）阻尼器（FVD），如图 2.15 所示。铅阻尼器具有与位移相关的滞后性状，而黏滞阻尼器产生的反作用力是速度的函数。为了限制在黏滞阻尼器中产生的反力，通常采用一个力限制器来调节在触发速度下获得的阻尼系数。图 2.14 显示的是铅阻尼器循环测试的图像。

这里给出了循环测试的几个阶段：初始条件（±0mm），400mm 位移对应于设计位移，800 mm 位移对应于极限条件。

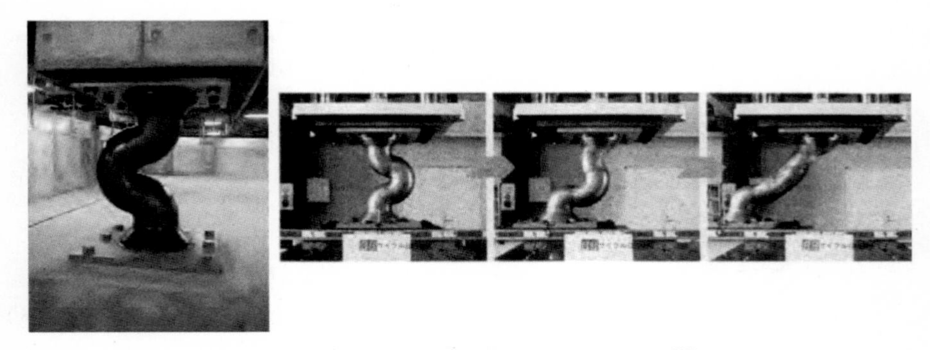

图 2.14　铅阻尼器（摄影：T. Takeuchi）[27]

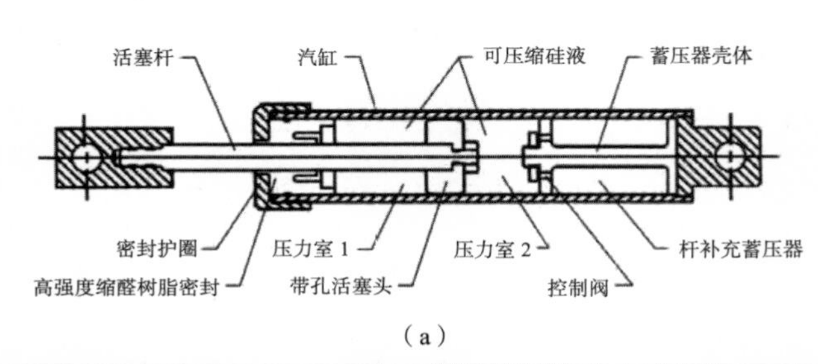

（a）

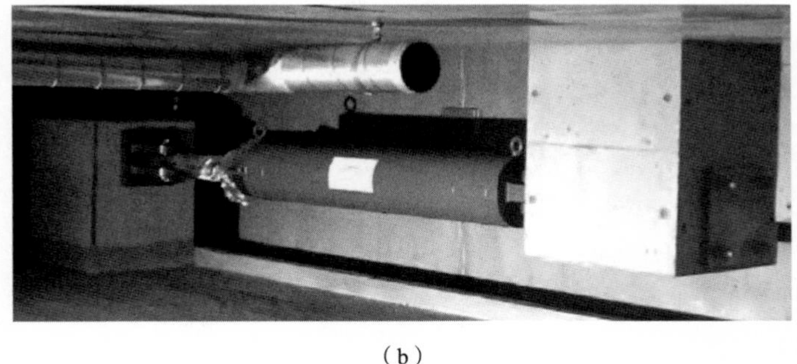

（b）

图 2.15　流体黏滞（油）阻尼器（FVD）:（a）主要组件示意图[28]**;（b）特征照片（摄影：F. Sutcu）**

图 2.15（a）和（b）分别表示油黏滞阻尼器的主要组件和特色应用。

2.2.3　隔震系统的选择

最合适的隔震系统选择取决于工程的特点。[12] 本节总结了选择最合适系统的一些关键要素。

2.2.3.1　橡胶（弹性）支座

该系统的主要优点是，在许多情况下，成本比其他系统低。然而，由于其他类型支座的大规模生产降低了成本，这种情况最近已经并正在发生改变。

弹性支座的两个主要缺点是:

1. 使用弹性支座的基础隔震系统，其性状随施加在支座上的垂直荷载而变化。[29] 对于大多数建筑来说，其自重远大于瞬态活荷载，因此这种影响很小。然而，在某些类型的建筑（文化建筑、医院等）中，实际活荷载可能既显著又可变。

2. 由于老化作用，依橡胶化合物的不同，这些支座的性能随时间而变化，而且通常会导致刚度和特征强度的增加。对于低阻尼化合物，在 30 年的时间内，这些增量大约为 10% ~ 20%，但对于高阻尼复合材料，增量可能更大。[29] 因此，为保持有效性，应检查弹性支座，并可能需要进行定期更换。

2.2.3.2　摩擦摆系统（FPS）支座

这些支座非常适合活载占垂直荷载很大比例的场合。滑动表面之间的摩擦会消散提供阻尼的能量，因此，一般来说，不需要额外的阻尼器。至于其寿命，老化是缓慢而有限的。[30] 但是，现有资料并不是结论性的，因为现场实地的资料只有最近 25 年的。因此，虽然摆支座的初始建造成本可能高于弹性支座，但由于老化作用，前者较少需要或不需要定期更换。因此，项目预期生命周期内的总成本可以降低。

2.2.4　支座更换

按照规范要求，工程中使用的支座必须通过一系列测试，以确保其寿命，并在发生地震时具有良好的抗震性能。然而，如果需要更换支座，可采用千斤顶适当支撑上部结构，同时，在确定受影响的结构构件尺寸和进行加固时，应将所产生的应力状况考虑在内。[12, 31] 应当指出，这是一项额外的结构研究。

2.3　响应控制系统

结构阻尼器是用于建筑物减震的消能装置。结构响应控制消能装置的各种构型如图 2.16 所示。在许多情况下，这些阻尼器被插入建筑核心区域或周边区域的力矩架中，以避免干扰建筑物的功能。

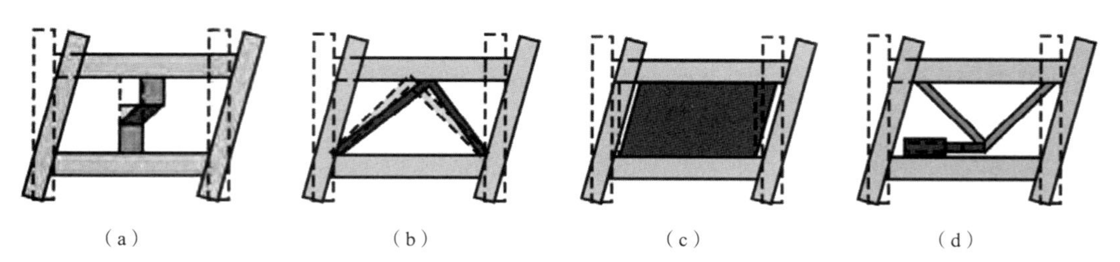

图 2.16　力矩架内消能装置的典型构型：(a) 柱；(b) 支撑；(c) 墙；(d) 剪力键 [32]

消能装置的效率受阻尼器与力矩架刚度比的影响。如果力矩架很不灵活，那么只有在出现大的漂移后，阻尼器才起作用。钢筋混凝土力矩架通常具有高刚度，因此，阻尼器和它们的连接必须具有高刚度，以便啮合，并在低矮楼层漂移时开始消能。

在大多数国际抗震规范中，消能装置基本上分为与位移有关的装置和与速度有关的装置两类。其他资料将阻尼器分类为金属（滞后）阻尼器、黏滞阻尼器和黏弹性阻尼器。第 2.4 节给出了几种响应谱阻尼器的优缺点对比表。

最常用的滞后阻尼器是金属阻尼器：屈曲约束支撑（BRB）和摩擦阻尼器，其主要特性如下所述。

对于金属阻尼器，相对于轴向屈曲，在后屈服或塑性阶段，剪切屈曲相对稳定。利用这一特性，钢剪切面板被用作弹塑性阻尼器。图 2.17 给出了面板阻尼器的示例图、应用照片和典型的滞后性状，其中剪切应力（τ）规范化为屈服剪切应力（τ_y）。面板由低屈服强度钢板与焊接约束肋或加强肋组成。可能的构图为墙式和柱式面板。

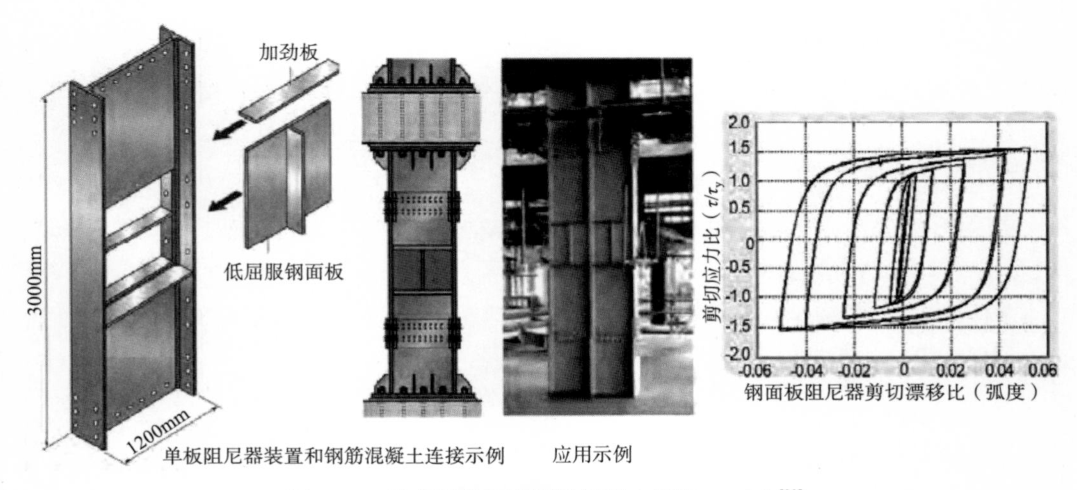

图 2.17　柱式钢剪切面板阻尼器（摄影：JFE）[33]

屈曲约束支撑（BRB）是一种具有弹塑性性状的支撑型滞后阻尼器。它由一个轴向屈服的钢芯和一个轴向分离约束机构组成，后者抑制整体屈曲。如图 2.18（a）所示，屈曲约束机构通常由填充砂浆的空心钢节段和围绕屈服钢心的非结合层组成。其他类型的约束形状和材料组合如图 2.18（b）所示。图 2.18（c）给出了一个典型的屈曲约束支撑的 V 形构图应用示例。在抗压需求下，在屈服之前，由于约束机构的存在，钢芯将开始屈曲，并逐渐形成更高的模态振型。钢心屈服后，在压缩和拉伸之间表现出非常稳定和对称的滞后性。如图 2.18（d）所示，与其他全延性体系相比，这些消能特征非常出色。因此，屈曲约束支撑可以用作滞后阻尼器。屈曲约束支撑不仅广泛应用于钢结构和钢筋混凝土结构，而且常常作为一种抗震改造措施。

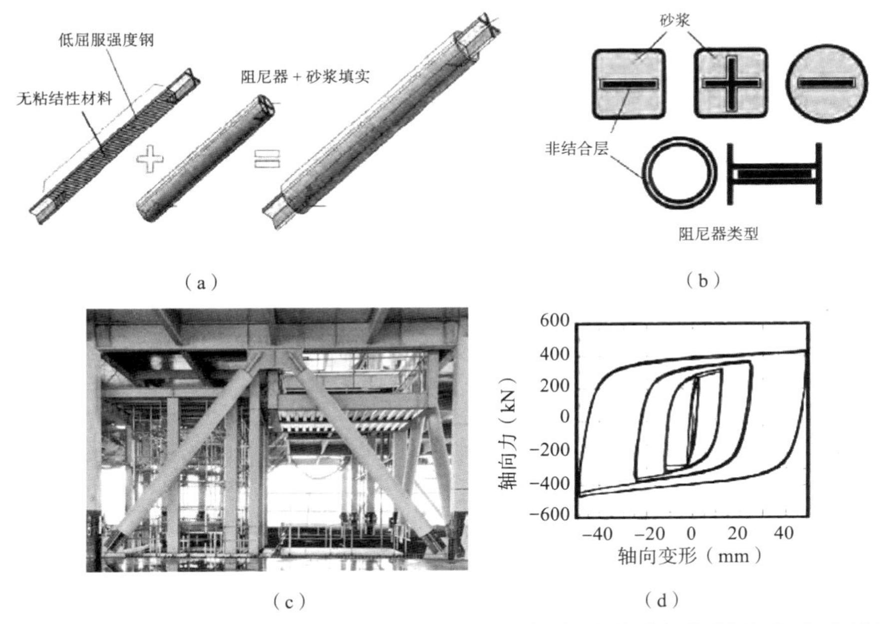

（a）　（b）　（c）　（d）

图 2.18　屈曲约束支撑（BRB）:（a）屈曲约束支撑的概念;（b）约束机构类型;（c）典型的屈曲约束支撑应用示例（摄影：T. Takeuchi）和（d）设计良好的屈曲约束支撑的滞后性 [35]

摩擦阻尼器由与不锈钢表面相接触的刹车垫片组成。弹簧加载螺栓在其界面上保持恒定的压力，如图 2.19（a）和（b）所示。一个典型的摩擦阻尼器滞后性状如图 2.19（c）所示，在图中，位移代表摩擦荷载方向上的变化，并可看到最大位移的特征垂直剪切。虽然它是一种与位移相关的消能装置（与剪切面板阻尼器和屈曲约束支撑一起），但其初始刚度较高，不会发生低周疲劳。该类型的阻尼器适合于改造钢筋混凝土结构，其事实依据为：能量从低楼层漂移开始消散。[34]

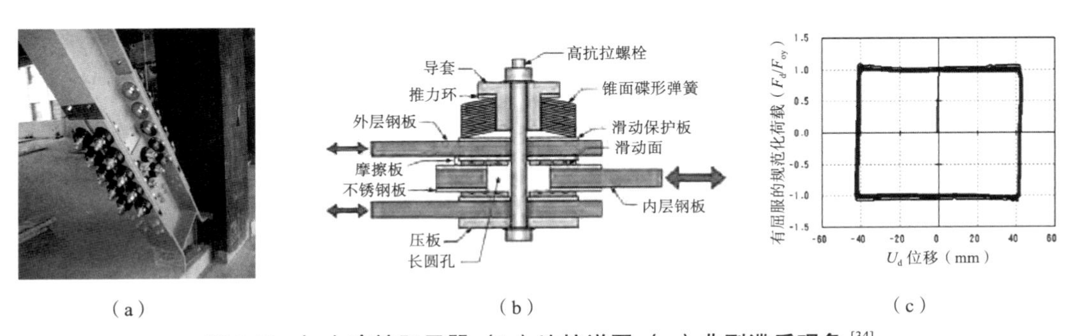

（a）　（b）　（c）

图 2.19　（a）摩擦阻尼器;（b）连接详图;（c）典型滞后现象 [34]

下一种阻尼器是黏滞阻尼器，可分为支撑式和墙式阻尼器。图 2.20（a）和（c）给出的是一种称为黏性墙式阻尼器组件的消能装置的截面和实际应用情况。黏性墙式阻尼器原型试验的典型循环性状如图 2.20（b）所示。该装置包括充满了黏性流体的薄壁空隙。充满液体的空隙与地面的梁连接。内部钢板位于充满流体的空隙中，并与地面上方的梁连接。如前所述，也有支撑式黏滞阻尼器。图 2.21（a）和（b）分别给出了剪切键结构图和肘撑结构图两个特征实例。

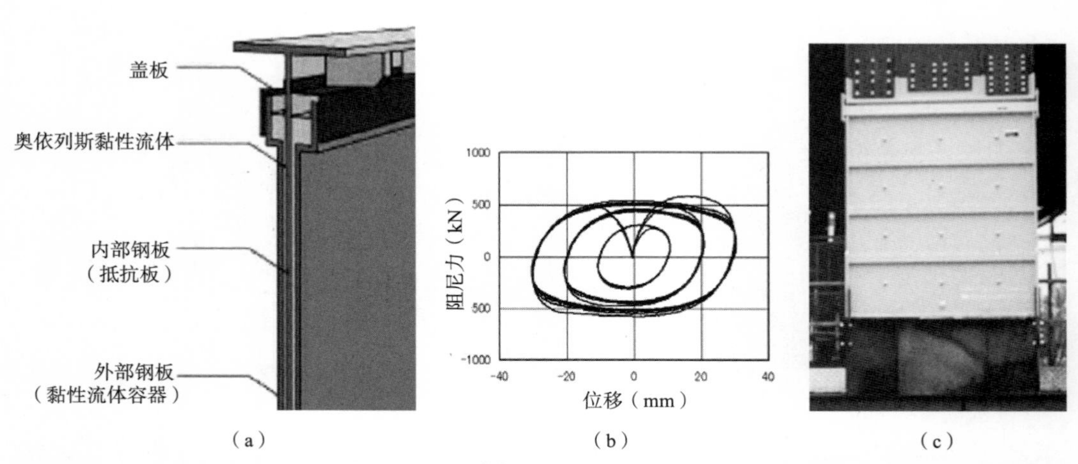

图 2.20 （a）技术组件；（b）典型滞后现象[36]；（c）黏性墙的特色应用（摄影：日本奥依列斯公司）

图 2.21 黏滞阻尼器：（a）剪切键结构图和（b）肘撑结构图（摄影：F. Sutcu）

黏弹性阻尼器由粘在钢板上的固体弹性垫（黏弹性材料）组成，目前有支撑式和墙式阻尼器可用。断面图和应用照片分别如图 2.22（a）和（b）所示。典型的倾斜椭圆滞后性状模型如图 2.22（c）所示。当阻尼器的一端相对另一端发生位移时 [图 2.22（a）]，黏弹性材料受到剪切作用。这导致热的产生，而热则消散到环境中。根据材料的自然特性，黏弹性阻尼器表现出弹性和黏性，这意味着它们与位移和速度有关。应该注意的是，黏弹性阻尼器的性状也高度依赖于温度。随着这一领域研究的不断加深，响应控制装置的特性和性能不断提高，同时也为这些系统的分析和设计建立了更可靠的模型。一系列的研究论文阐述了这些系统的设计现状。[37-39]

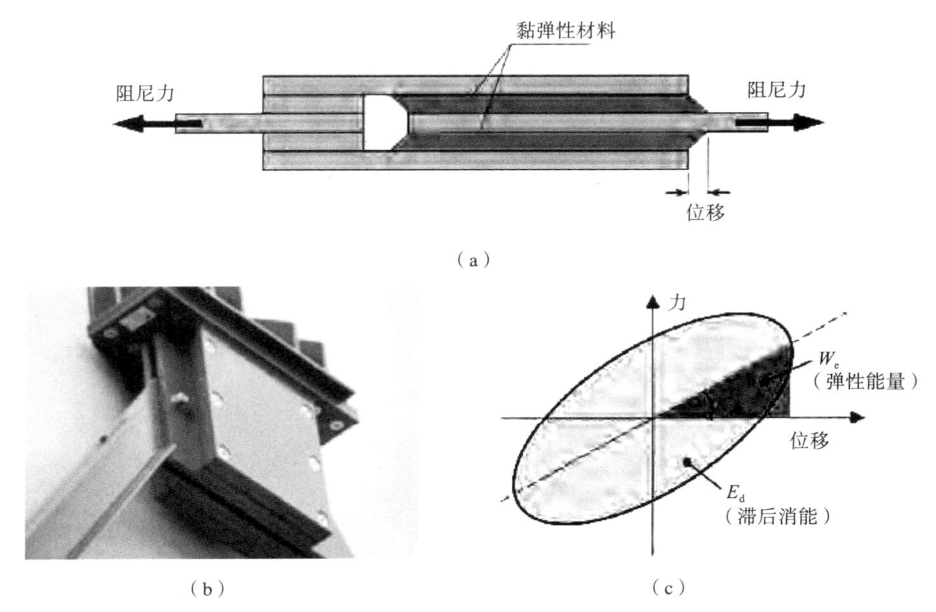

图 2.22　（a）、（b）黏弹性阻尼器（摄影：意大利 FIP 工业公司[40]）和（c）典型滞后现象

2.4　隔震与响应控制系统的总结和比较

在本节中，对第 2.2 节和第 2.3 节中介绍的隔震与响应控制装置的主要优缺点进行了总结。表 2.1 对每一种隔震与响应控制装置的优缺点进行了比较，并简短总结了其使用目的。此外，表 2.2 中给出了最常见的隔震与响应控制装置的参考性滞后力 - 变形性状，这有助于选择最合适的装置。

各种隔震与响应控制装置的比较　　　　**表 2.1**

	类型	使用目的	优点 / 强项	缺点 / 挑战
隔震装置	天然橡胶支座（NRB）	建筑物或桥梁的隔震，既可针对新设计，又可针对改造项目	· 可靠的和稳定的材料 · 免维护 · 张拉能力受限 · 储备位移能力	· 具有阻尼能力的额外装置 · 设计过程有要求 · 不适合于轻型结构
	铅塞橡胶支座（LRB）			· 设计过程有要求 · 重型金属芯 · 不适合于轻型结构
	高阻尼橡胶支座（HDRB）			· 设计过程有要求 · 不适合于轻型结构 · 应特别注意轴向拉力

续表

	类型	使用目的	优点 / 强项	缺点 / 挑战
隔震装置	摩擦摆系统（FPS）	建筑物或桥梁的隔震，既可针对新设计，又可针对改造项目	· 即使对轻型结构也长期可用 · 期限与结构物的质量有关 · 振动的平移模式 · 设计简单	· 易受环境影响 · 增加风险（无抗拉能力） · 要求防尘
	弹簧型隔震器		· 竖向隔震	· 不适合于重型结构 · 不适合于长期使用
	十字线性导轨支座	改进隔震装置震动响应的补充装置	· 以最小摩擦增大结构使用期限	· 要求维护
	有橡胶的滑块		· 以有限刚度和转动能力增大结构使用期限	· 要求防尘 · 增加风险（无抗拉能力）
响应控制装置	弹塑性阻尼器，如屈曲约束支撑或钢板阻尼器	改进新的和既有建筑物或桥梁刚度及阻尼特性	· 受力有限 · 易于建造 · 相对便宜 · 增加“阻尼”和刚度	· 高度非线性性状 · 给系统增加刚度 · 可能产生不良的残余变形
	黏弹性阻尼器		· 高可靠性 · 也许能使用线性分析 · 成本有点低	· 强烈的温度相关性 · 更低的力和位移能力 · 力不受限 · 在大多数实际情况下有非线性分析的必要性
	摩擦阻尼器	改进新的和既有建筑物或桥梁阻尼特性	· 受力有限 · 易于建造 · 相对便宜	· 高度非线性性状 · 给系统增加大的初始刚度 · 可能产生不良的残余变形
	黏滞阻尼器		· 高可靠性 · 高的力与位移能力 · 无额外刚度 · 设计更简单	· 成本更高 · 力不受限（特别是当指数 =1 时） · 有非线性分析的必要性
	调谐质量阻尼器	改进新的和既有高层结构物或桥梁阻尼特性	· 减少使用条件下的震动 · 对风荷载和长期震动影响有效 · 改造时的干扰最小	· 对剧烈震动无效 · 不适合矮小或中高层建筑

各种隔震与响应控制装置的概念性力 - 变形性状比较　　表 2.2

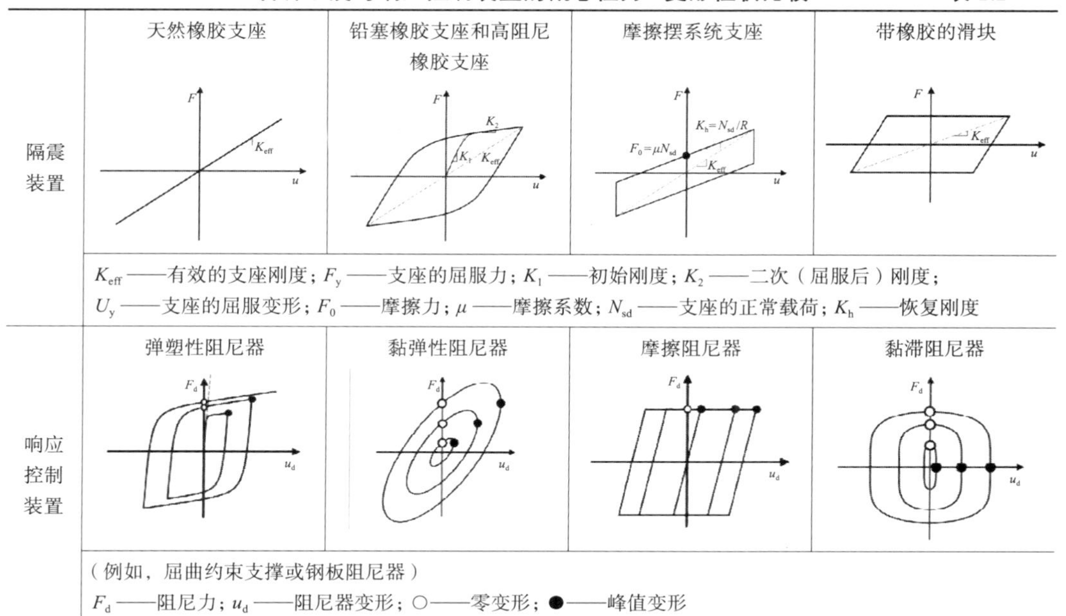

隔震装置	天然橡胶支座	铅塞橡胶支座和高阻尼橡胶支座	摩擦摆系统支座	带橡胶的滑块
	K_{eff}——有效的支座刚度；F_y——支座的屈服力；K_1——初始刚度；K_2——二次（屈服后）刚度；U_y——支座的屈服变形；F_0——摩擦力；μ——摩擦系数；N_{sd}——支座的正常载荷；K_h——恢复刚度			
响应控制装置	弹塑性阻尼器	黏弹性阻尼器	摩擦阻尼器	黏滞阻尼器
	（例如，屈曲约束支撑或钢板阻尼器） F_d——阻尼力；u_d——阻尼器变形；○——零变形；●——峰值变形			

第 3 章　有隔震装置的新建筑物设计

本章探讨了新结构物的抗震装置设计，汇总了主要国际规范条文，随后给出了基本的设计理念和代表性案例研究。

3.1　有隔震装置的新建筑物设计

本节对世界范围内有关隔震系统的主要设计规范和建议进行了基本介绍（即欧洲规范，以及美国土木工程师协会、日本、墨西哥和土耳其建筑规范）。

EN 15129[41] 涵盖了组装在结构物中的隔震装置设计，旨在改变隔震装置对地震作用的响应。该规范规定了抗震和非抗震设计情况下装置的功能要求和通用设计规则，材料特性、制造和测试要求，以及性能稳定性、安装和维护要求的评估和验证。该欧洲标准涵盖了最重要的装置类型及其组合。在 EN 15129[41] 中，隔震装置划分为三类：

1. 弹性震隔器（[41] 的第 8.2 章）：这些震隔器被划分为高阻尼橡胶支座（HDRB）和低阻尼橡胶支座（LDRB）。低阻尼橡胶支座又包括铅塞或聚合物塞 [铅塞橡胶支座（LRB）或聚合物塞式橡胶支座（PRB）]，以达到所需的阻尼水平。

2. 曲面滑块（[41] 的第 8.3 章）：这些滑块为摩擦摆系统（FPS）支座，通过摩擦消能，并依据回到中心位置的位移提供恢复力。

3. 平面滑块（[41] 的第 8.4 章）：这些滑块应与其他提供回到中心位置的装置一起使用。

根据 EN 15129[41]，不建议在滑动装置中使用限位或止动环。这就是为什么三摆支座与此规范不兼容的原因。

Eurocode-8 的第 10 章“基础隔震”涵盖了隔震结构的设计，其中隔震系统位于结构主体下方，目的是降低抗侧向力系统的地震响应。[42] 在该规范中，还有一个简短章节对隔震支座与阻尼装置的组合进行了说明。

在美国规范的 ASCE 7-16[43] 中，隔震器未在主规范中分类，仅在注释部分 C17 中提及。即便在该部分中，考虑到隔震器的材料因素，亦未予以明确分类。隔震器按其滞后性状分类。

包括叠层橡胶支座和阻尼器在内的隔震装置，在《日本标准法》第 2009（2010）号通知中有定义，该通知要求：在将其应用于实际建筑物之前，应得到国土交通省（MLIT）的认证。[44] 经专家委员会审核测试结果和规范后，颁发省长认证证书。

在新西兰，目前还没有有效规范处理隔震系统。只有一份试用草案[45]，所以，通常采用美国土木工程师协会的 ASCE 7[43] 替代。

在墨西哥，《土木结构物设计手册：抗震设计》(CFE，2015）包含了弹性支座、低阻尼橡胶支座和滑动隔震系统的设计建议。[46] 尽管不是正规的规范，但在该国，该手册却广泛用于结构设计。

在《土耳其建筑抗震规范 2018》[47] 中，隔震装置主要分为两类：弹性体隔震支座单元和摩擦摆支座单元，而弹性支座分为铅塞弹性支座和高阻尼弹性支座。

表 3.1 在隔震设计基本参数和规则方面，对欧洲、美国、日本和土耳其的规范进行了比较。

隔震规范基本特性比较（略语清单）　　**表** 3.1

规范		欧洲规范[42]	美国规范[43]	日本规范[44]	土耳其规范[47]
设计方法		ELFM/RSA/NLTHA	ELFM/RSA/NLTHA	ELFM/NLTHA	ELFM/RSA/NLTHA
回归期		475	最大考虑地震（2475 或 $\varepsilon=1$）	50/500	475/2475
设计响应谱	对隔震器	设计基准地震	最大考虑地震	设计基准地震	DD2：50 年 10 %
	对建筑物	设计基准地震	设计基准地震 =2/3 最大考虑地震	设计基准地震	DD1：50 年 2 %
重要性系数		有（≤ 1.4）	无	有	无
垂向分量		已考虑	已考虑	已考虑	已考虑
老化 / 离散		依据试验	依据试验	1.2	依据试验
隔震能力安全系数		1.2（可靠性系数）*	最大考虑地震设计水平内含的	弹性体：1.25 滑动 / 摩擦 =1.11	DD1 水平内含的
ELFM 中的扭曲系数		已计算	已计算	1.1	已计算
偏心极限		2.5%	—	3%	5%
BLD 要求		低塑性（$R \leqslant 1.5$）	低塑性（$R \leqslant 2$）	弹性	有限塑性（$R \leqslant 1.5$）
模型		ELFM 为 $2D$，NLTHA 为 $3D$	ELFM 为 $2D$，其他为 $3D$	$2D$	ELFM 为 $2D$，其他为 $3D$

* 采用欧洲规范中的安全系数，因为只有一级地震作用（回归期 475 年）。然而，这可能会导致更保守的结果。

表 3.2 总结了欧洲、美国、日本和土耳其抗震规范中用于隔震建筑物的等效横向力分析方法的局限性：

等效横向力法局限性比较 表 3.2

规范	欧洲规范 [42]	美国规范 [43]	日本规范 [44]	土耳其规范 [47]
现场地震的局限性	—	$S_1 \leqslant 0.6$ g	—	—
现场分类的局限性	—	A，B，C，D	12	ZA，ZB，ZC，ZD
最大平面尺寸（m）	50	—	—	—
最大建筑物高度（m）	—	20	60	20
最大层数	—	4	—	4
隔震单元位置	下部结构之上	—	柱底	—
偏心度限值	3 %	—	3 %	5 %
Kv/Ke	≥ 150	—	—	—
隔震结构回归期范围	$3T_{\text{fixed}}$–3s	$3T_{\text{fixed}}$–3s	$T_{\text{isol}} \geqslant 2.5$s	≤ 4.0s
最大垂向回归期（T_v）	T_v<0.1 s	—	—	T_v<0.1 s

3.2 隔震设计基础

可以很容易地通过参考加速度和位移响应谱解释隔震对结构动力性状的影响。隔震层的增加增大了结构的振动周期。在加速度谱上，周期的增加导致加速度响应的减少。同时，隔震层提供的附加阻尼进一步降低了加速度响应［图 3.1（a）］。对于位移响应，周期的增加自然带来位移响应的增加。与加速度响应类似，隔震层的附加阻尼也会降低位移响应［图 3.1（b）］。应当指出：谱位移响应对应的是隔震层的位移而不是结构的位移。设计和制造隔震装置旨在承受较大的位移。

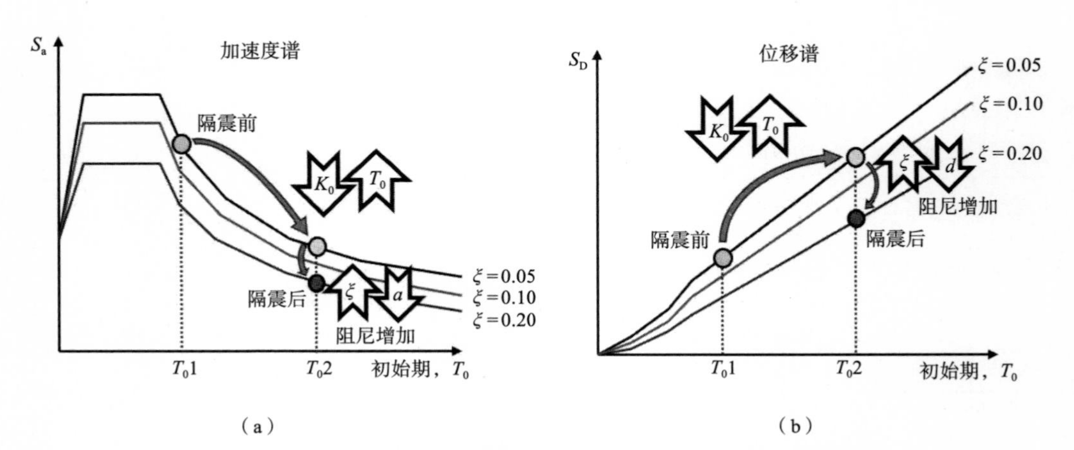

（a） （b）

图 3.1 隔震对结构动力性状的影响：（a）加速度谱；（b）位移谱

在本节中，隔震系统的基本设计方法将基于一个实例进行解释，采用的是天然橡胶支座和两种不同类型的阻尼器。当天然橡胶支座与阻尼器结合时，应结合滞后性状，所得到的滞后模型几乎可以代表任何类型的隔震系统，如铅塞橡胶支座、高阻尼橡胶支座或摩擦摆支座（FPB）。在设计中，叠层天然橡胶支座通常被模拟为简单的水平弹簧。它们呈现稳定的线性剪力 - 水平位移关系，直到它们在位移大约等于其直径的60% 时开始硬化，如图 3.2 所示。

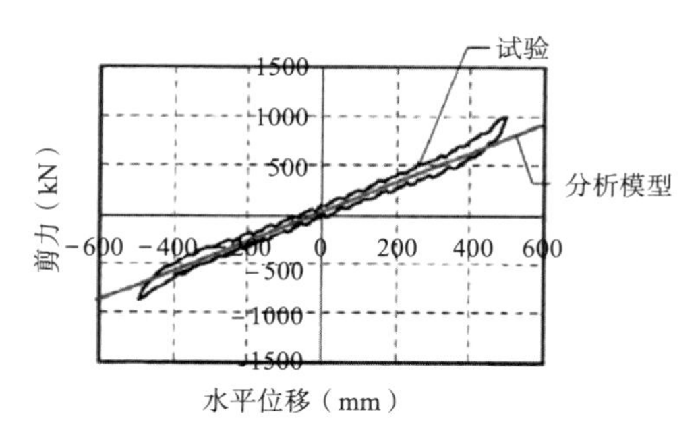

图 3.2　直径为 60cm 的叠层天然橡胶支座的 Q-δ 关系 [27]

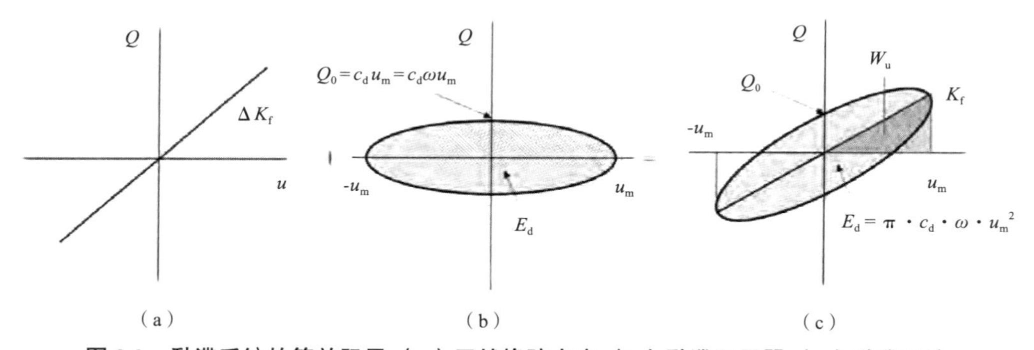

图 3.3　黏滞系统的等效阻尼：(a) 天然橡胶支座；(b) 黏滞阻尼器；(c) 黏滞系统

在隔震层中，黏滞阻尼器常与橡胶支座配合使用 [图 3.3（a）]。黏滞阻尼器通常表现出与速度相关的椭圆形滞后性，如图 3.3（b）所示。将它们简化为线性黏滞阻尼模型时，具有线性刚度 k_f(橡胶支座) 的隔震层等效阻尼比 ξ_v 可表示为图 3.3(c)，此时，通过代入主要参数可将公式（3.1）转换为公式（3.2）。

$$\xi_v = \frac{E_d}{4\pi W_e} \tag{3.1}$$

$$\xi_v = \frac{\pi c_d \omega u_m^2}{2\pi K_f u_m^2} = \frac{c_d \omega}{2K_f} \tag{3.2}$$

式中：

ξ_v ——隔震层等效阻尼比；

E_d ——隔震系统中阻尼器消散的能量；

W_e ——弹性能量；
c_d ——黏滞阻尼系数；
ω ——圆频率；
u_m ——隔震系统最大位移；
K_f ——橡胶支座线性刚度。

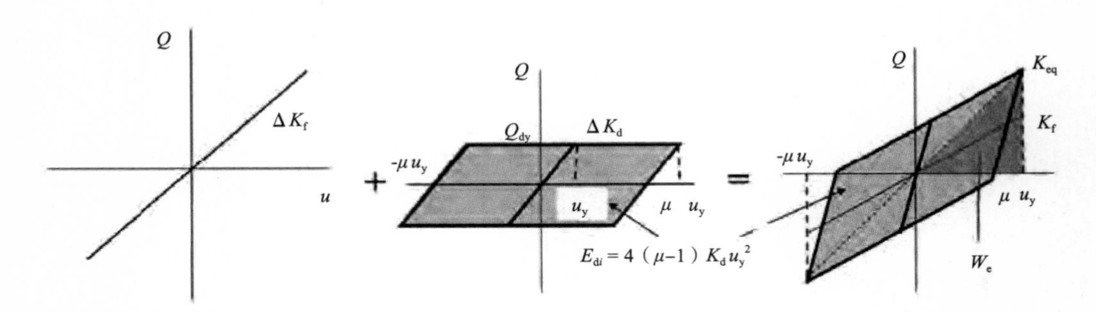

图 3.4 弹塑性系统等效阻尼：（a）天然橡胶支座；（b）弹塑性阻尼器；（c）弹塑性系统

与上图黏滞阻尼器的情况类似，当弹塑性类型的阻尼器采用天然橡胶支座时，该系统的等效阻尼比也可以由已循环消能（滞回面积）的 E_d 计算得到，如公式（3.3）和图 3.4 所示。

$$\xi_d = \frac{E_d}{4\pi W_e} = \frac{4(\mu-1)K_d u_y^2}{2\pi K_{eq}(\mu u_y)^2} = \frac{2(\mu-1)K_d/K_f}{\pi\mu(\mu+K_d/K_f)} \tag{3.3}$$

式中：

ξ_d ——隔震层等效阻尼比；
μ ——延性比；
K_d ——阻尼器初始刚度；
K_{eq} ——系统等效刚度；
u_y ——弹塑性阻尼器屈服位移；
K_f ——橡胶支座线性刚度。

弹塑性系统的等效阻尼比与位移（或屈服比）有关，由上述方程得到的值基于恒振幅。因此，考虑到地震运动诱发的随机响应振幅，需要将其减小 0.8 ~ 0.6 倍。

在结构设计中，许多规范提出了基于响应谱的分析方法，利用等效的线性化程序，使用等效阻尼值说明阻尼器的作用。另外，非线性时程分析（NLTHA）方法包括每个装置的具体滞后性状。除了刚度、阻尼或地震活动性等基本设计参数外，其他关键参数也被相关设计规范广泛涵盖，如试验条件、双轴位移、回到中心位置的特性或垂直加速度等。

3.3　隔震建筑物中设备的抗震接头和柔性连接

在隔震应用中，有特殊的实施要求，如隔震层应具有移动能力。需要特别注意确保隔震结构物在抗震缝处的自由移动。[12，31] 如果隔震系统不能自由移动，基础隔震上部结构的抗震性能将显著降低，而冲击作用对隔震结构的影响尤为不利。因此，无论是结构物还是终饰，都不允许限制接缝处的移动。通常，在地面层，专有的桥接板跨越接缝，以供行人通行，如图 3.5 和图 3.6 所示。

（a）

（b）

图 3.5　希腊雅典奥纳西斯文化中心，隔震采用了覆盖抗震缝的专用桥接板：（a）正门入口；（b）侧门入口（摄影：C. Giarlelis）

（a）

（b）

图 3.6　希腊雅典斯塔夫罗斯·尼阿科斯基金会文化中心周围含有抗震缝的专用桥接板（摄影：C. Giarlelis）

此外，设计时要对可能穿过隔震层的楼梯或电梯予以特别注意。除了接缝的自由移动外，楼梯的良好性能等至关重要，因为它们构成了地震后的逃生路线。图 3.7 为希腊雅典奥纳西斯文化中心服务楼梯穿过隔震层的抗震缝，而图 3.8 为奥纳西斯文化中心的另一座楼梯，钢制楼梯悬挂于抗震层的上部结构。第 3.4.2.2 节的照片中所示为抗震缝在楼梯上的另一种用途（图 3.20）。

（a）

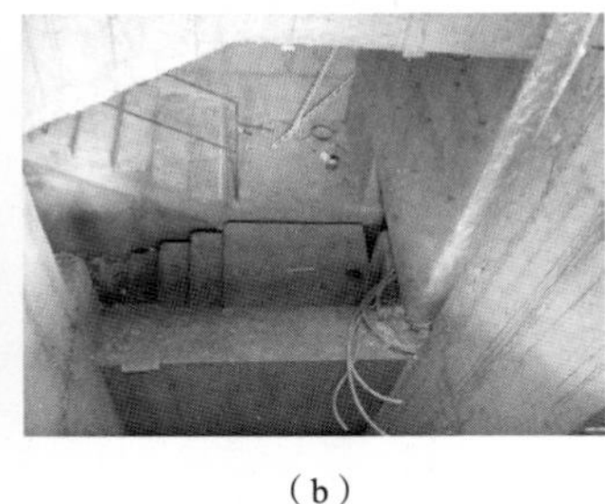

（b）

（c）

图 3.7　希腊雅典奥纳西斯文化中心：（a）穿过隔震层的服务楼梯抗震缝；（b）在建楼梯的底部和顶部图；（c）完工后的楼梯（摄影：C. Giarlelis）

图 3.8　希腊雅典奥纳西斯文化中心，钢制楼梯悬挂于隔震层上部结构（摄影：C. Giarlelis）

因此，必须更加注意穿越抗震缝的生命线。更具体地说，在隔震建筑物中使用机械、电气和管道（MEP）设备时，需要关注这些建筑物的移动能力。作为一种通用方法，城市管线和隔震建筑物中的机械、电气和管道线路应采用特殊设计的柔性接头连接。此外，管道 / 线路应从建筑物的隔震部位处悬挂起来（图 3.9 ~ 图 3.12）。

在隔震建筑物中，伸缩缝对于覆盖隔震建筑物与周围护城河墙之间的间隙是必不可少的（图 3.13）。这些伸缩缝也用于两个空心砌块间和电梯井周围。伸缩缝的主要功能是：允许人们在受到激励时安全地通过地面与建筑物之间或两个孤立块体之间的间隙。

图 3.9　希腊雅典斯塔夫罗斯 · 尼阿科斯基金会文化中心（SNFCC），在隔震器附近悬挂机械、电气和管道设备（摄影：C. Giarlelis）

图 3.10　在日本隔震仓库项目中悬挂的管道（摄影：F. Sutcu）

图 3.11　在日本某隔震建筑物中悬挂的管道（摄影：Y. Shinozaki）

图 3.12　在日本某隔震建筑项目的楼层间悬挂的管线应用及管道与电缆的接长情况（摄影：F. Sutcu）

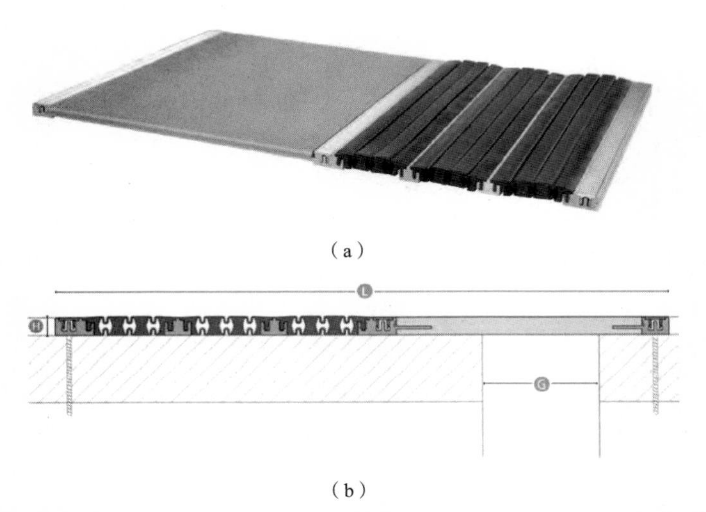

图 3.13 **伸缩缝盖:（**a**）特征图片;（**b**）典型剖面（摄影:** Techno K. Glunti**）**[48]

3.4 使用隔震的设计实例

本节介绍了新西兰、希腊和墨西哥的四个隔震建筑案例研究，其中的隔震装置在第 2.2 节中已经用到了。每个案例研究都描述了项目的主要目标、隔震系统的设计及性能确认。

3.4.1 新西兰基督城 9 层住宅楼

第一个例子是阿尔马公寓楼，这是一栋位于新西兰基督城的 9 层住宅建筑（图 3.14）。开发商有一个明确的目标，就是让建筑在五百年一遇的地震中受损最小。

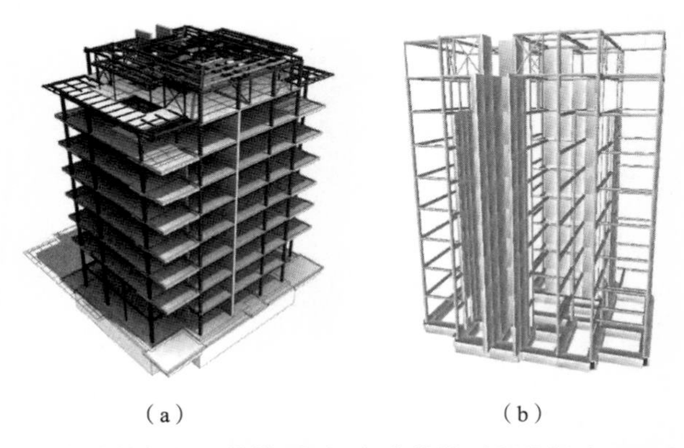

图 3.14 **（**a**）结构框架三维模型;（**b**）非线性时程分析（**NLTHA**）模型**

3.4.1.1 项目目标

新西兰建筑规范优先考虑生命安全而不是建筑物损坏，因此需要比选方案。在新西兰，这种比选方案通常称为低破坏设计（LDD）。低破坏设计的目标是：

——结构破坏减缓效果

——可修复性

——自动定心能力

——非结构性破坏

——耐久性

——可购性

对于混凝土建筑，结构损坏应限制在轻微开裂，并能随后用环氧树脂注浆加以修复。限制或防止非结构性破坏（如隔墙、建筑设备、建筑物正面等），在五百年一遇的情况下，层间漂移应限制在 0.5% 以内，此即称为破坏控制极限状态（DCLS）[图 3.15（a）]。为了满足这些主要目标，该建筑采用基础隔震方案，使用了具有良好自动定心特点的铅橡胶支座。在新西兰，相对传统的结构物都是买得起的。除了考虑用低破坏设计，根据倒塌极限状态标准，还采用两千年一遇的地震对该建筑物进行了检算。利用该荷载作用下的隔震面上的结构位移[图 3.15（b）]确定所需支座的尺寸，以及建筑物周围所需的“震动空间”，旨在防止任何物体阻碍建筑物的移动。

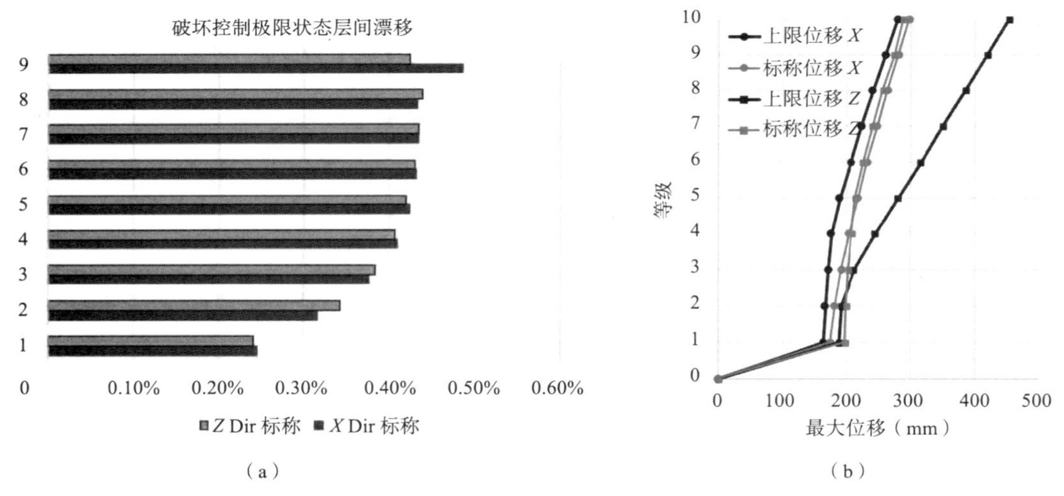

图 3.15　（a）出现五百年一遇地震时，隔震面上的层间漂移；（b）出现两千年一遇地震时，包含有隔震面的位移

3.4.1.2　设计和性能确认

采用单自由度手算的方法设计初始隔震器布局，利用模态响应谱分析展开隔震面上方建筑物的初步设计；调整了频谱，旨在考虑隔震支座的影响（图 3.16），随后对整个建筑物进行了非线性时程分析，以便对设计的各个方面进行验证。

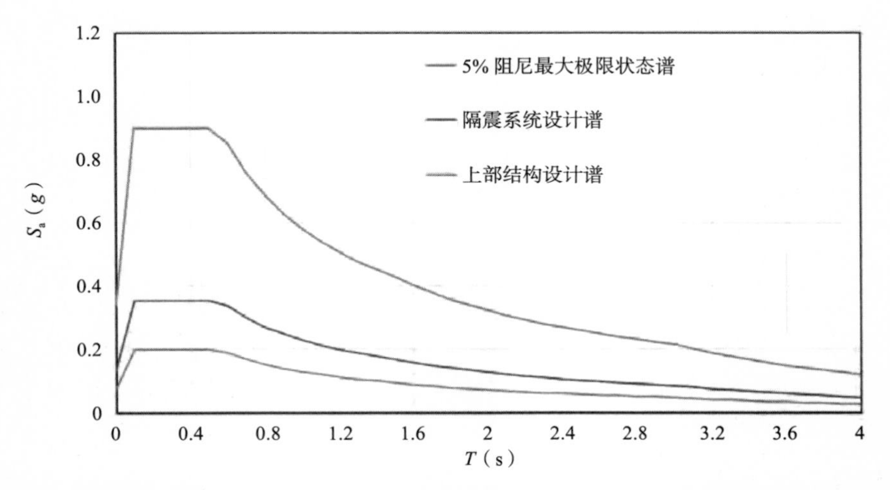

图 3.16 隔震系统和上部结构的设计谱与编码的 5% 阻尼弹性最大极限状态谱的比较

在两层钢筋混凝土结构之间创建隔震面（图 3.17），上层包括支撑建筑结构的梁格栅，底层包括具有直立底座的筏板基础。设立梁格栅的目的是为建筑物提供一个坚固的基础，抵抗来自隔震支座偏心率导致的倾覆力矩。设立底座的目的是创建一个爬行空间，维护人员通过它可以接近隔震器支座，进行例行检查或更换支座。爬行空间的边缘由混凝土挡土墙和薄混凝土盖板围合，盖板由预制铺路板和现浇缝合接头组合而成；"震动空间"是混凝土梁格栅边缘与挡土墙之间的间隔，盖板与周围地面的重叠尺寸至少满足震动空间的尺寸，这确保了地震发生时盖板能为震动空间提供一个保护层，防止困住任何东西，并避免随后被移动的建筑物所破坏。

3.4.2 希腊雅典斯塔夫罗斯·尼阿科斯基金会文化中心

斯塔夫罗斯·尼阿科斯基金会文化中心（SNFCC）最近在雅典建成，它是希腊国家歌剧院和图书馆的所在地，于 2017 年开始运营。[12] 文化中心的纵剖面见图 3.18。

3.4.2.1 项目目标

该项目的主要结构挑战是非常糟糕的土质条件（需要考虑土 - 结构的相互作用效应）、高抗震性能的期望，以及满足苛刻的建筑概念的需要。因此，有必要引入摩擦摆式隔震系统。两栋建筑总共 323 个支座被放置在地面楼板下的同一水平面。在设计中，欧洲规范 8 [42] 首次用于希腊的一个建筑项目。

3.4.2.2 设计和性能确认

考虑到当地的岩土条件，有必要确定场地特定的频谱。与 475 年回归期对应的弹性响应谱如图 3.19 所示。对于上部结构和隔震系统的设计，采用阻尼修正因子 η=0.70 对弹性设计谱进行响应谱分析，考虑隔震器的消能。隔震系统设计使用图 3.19 的浅色虚线。需要指出的是，在时程分析中，采用与隔震器摩擦特性相对应的阻尼值；

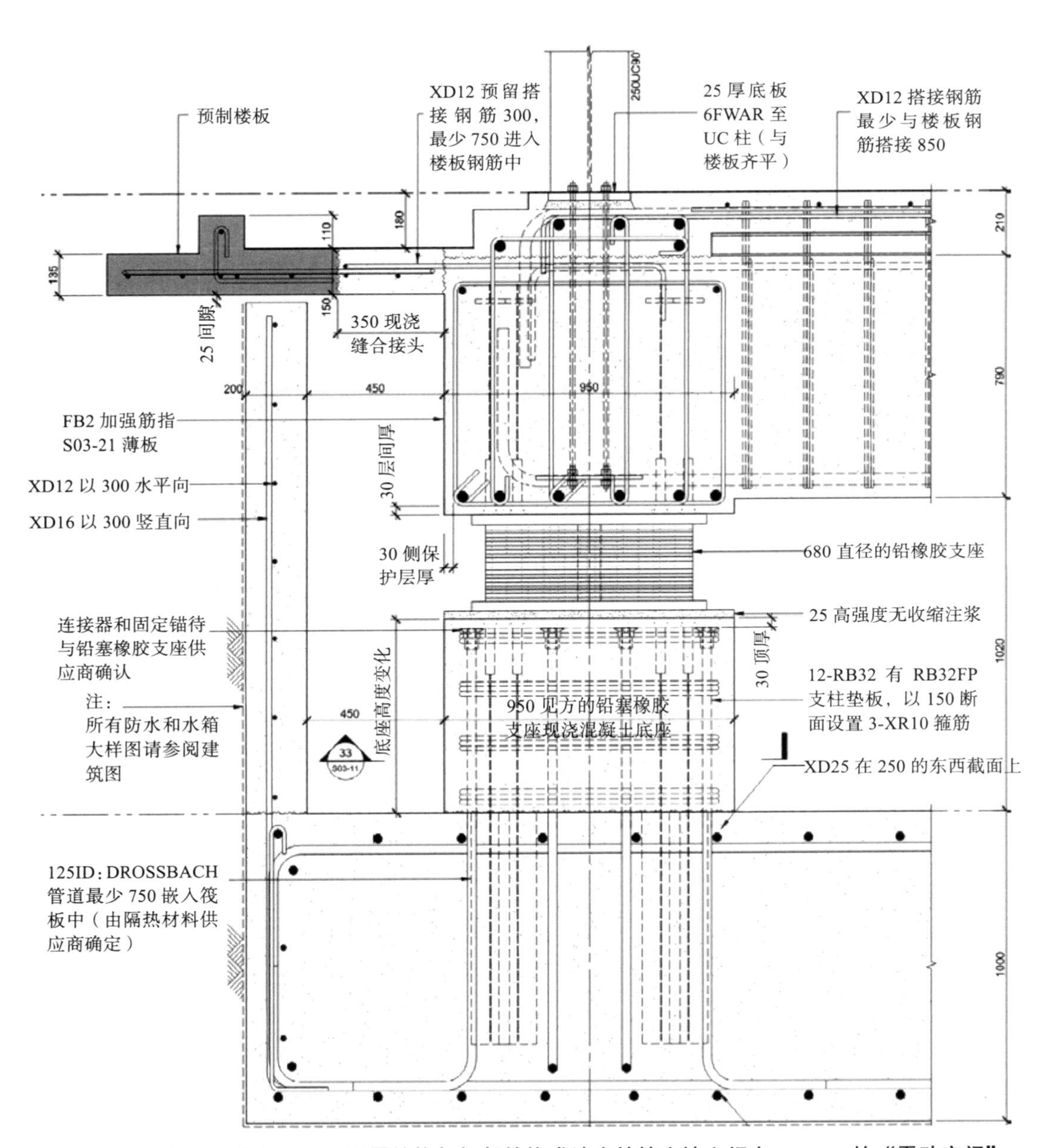

图 3.17　隔震面结构剖面图，隔震结构与相邻的构成地库的挡土墙之间有 450mm 的“震动空间”

这些值较低，对应较低的阻尼修正系数。对于性状因子，上部结构设计谱取 q=1.5；这个值是 EC8 所允许的隔震结构的最大值，并考虑了设计中的超限强度（图 3.19 中的深色虚线）。

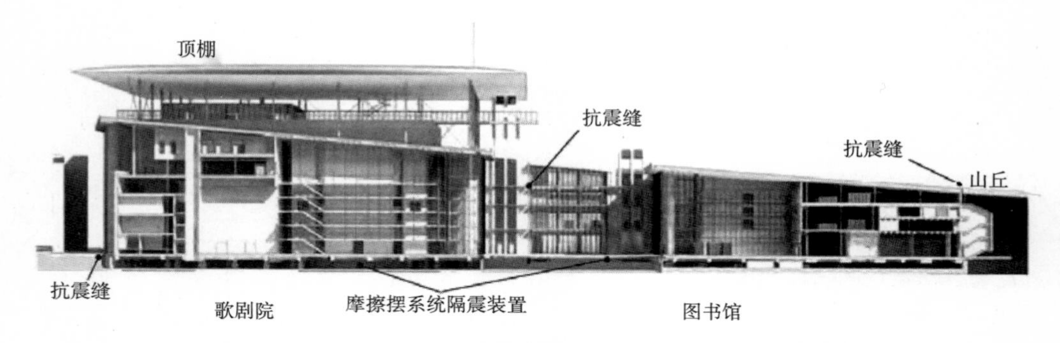

图 3.18 斯塔夫罗斯·尼阿科斯基金会文化中心纵剖面图 [12]

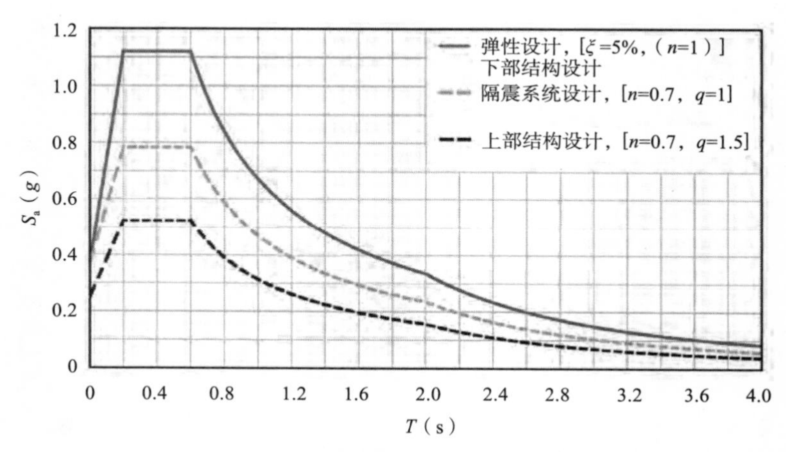

图 3.19 场地特定水平加速度谱，[$S \cdot a_g R$=0.267，γ_1=1.4]

对于隔震系统设计，不应使用性状因子（q=1）检算它们的应力状态（图 3.19）。此外，EC8 的希腊国家附录将放大因子 γ_x=1.5 应用于位移（因此对应于更高的抗震需求）。

对结构抗震性状的初步研究表明，在没有隔震的情况下，它们的基周期位于谱的水平部分，即在弹性设计时，相应的加速度为 1.12g，在考虑 q=1.5 的性状因子时为 0.75g。采用隔震方法，选取 T=2.59s 的周期，上部结构的设计加速度为 0.093g。因此，没有隔震的话，它们的基周期将高出 7 倍。结构基周期的选择与 EC8 的谱加速度下限有关。按照规范，谱加速度应始终高于 βa_g，其中水平设计谱的下限因子 β 为 0.2。

该隔震系统的结构设计旨在具体展示所需的动力性状。临界动力特性是其基周期：随着周期的增加，谱加速度减小。然而，根据 EC8，频谱加速度有一个下限。

对于这两个结构，地面层的隔震将上部结构与下部结构分开，如图 3.20 所示，展示了其底座上的典型隔震器和楼梯上的抗震缝。对于每个结构，创建了两个独立的三维有限元模型（图 3.21），分别针对上部结构和基底基础，提高了精度，简化了分析。对于基础，使用的桩数相对较少，大约是结构未隔震时所需桩数的三分之一，从而大大降低了结构的整体成本。采用迭代法应考虑上部结构 - 地基 - 土体的相互作用。

图 3.20　底座上的隔震器与楼梯上的抗震缝（摄影：C. Giarlelis）

根据 EC8 的规定，采用非线性分析方法对隔震系统进行设计和位移校核。图 3.22（a）针对帕科伊马大坝（Pacoima Dam）的记录，展示了靠近歌剧院周边沿 x 方向的隔震器的位移历史。图 3.22（b）利用 1971 年圣费尔南多地震时帕科伊马大坝的记录（修改了记录的振幅和频率，以便与设计响应谱相一致），给出了歌剧院屋顶与基座之间沿 x 方向的相对位移历史，达到了 2mm 的最大值，而层间偏移率 γ 最小（0.01% 量级），因此预计地震对结构和非结构构件造成的破坏可忽略不计。

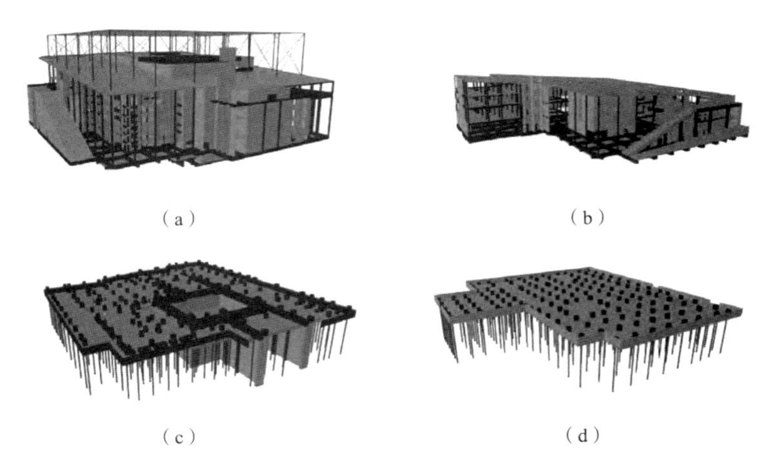

（a）　（b）

（c）　（d）

图 3.21　分别为希腊国家歌剧院和希腊国家图书馆（斯塔夫罗斯·尼阿科斯基金会文化中心）（SNFCC）[12] 的（a）、（b）上部结构及（c）、（d）基础的三维模型

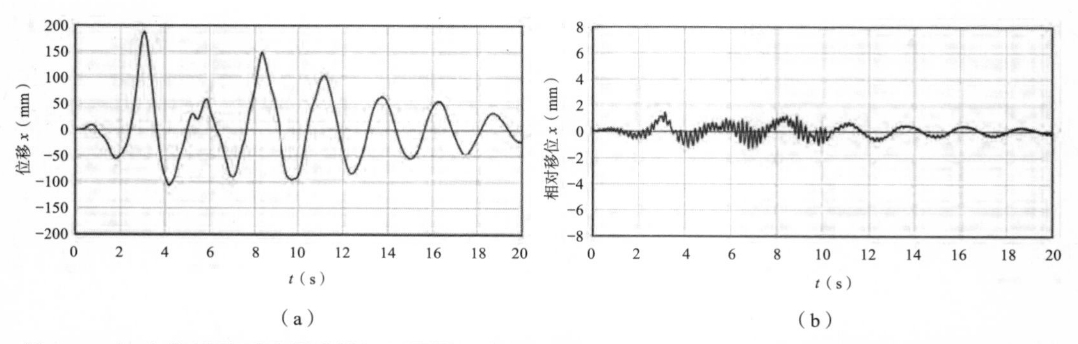

（a）　　（b）

图 3.22 （a）靠近歌剧院周边的沿隔震器 x 方向的位移历史；（b）歌剧院屋顶和底座之间沿 x 方向的相对位移历史

3.4.3 墨西哥巴尔萨斯河上的英菲尼洛Ⅱ号桥

英菲尼洛Ⅱ号桥是墨西哥最早的隔震桥梁之一。它的总长度为 525m，有 5 个简支跨，跨长 105m，桥宽 12m，上部结构由钢梁和驼背钢桁架支撑，桥面由 0.18m 厚的钢筋混凝土板组成，下部结构由非棱柱形桥台和空心箱形桥墩构成（图 3.23）。

（a）　　（b）

图 3.23 横跨墨西哥巴尔萨斯河的英菲尼洛Ⅱ号桥（摄影：J. Tara）

3.4.3.1 项目目标

该桥紧靠墨西哥太平洋海岸的俯冲带，故此使用了隔震系统。桥梁由安装在聚氨酯弹簧上的圆盘支座组成的滑动多旋转隔震系统[图 3.24（a）]支撑。图 3.24（b）显示了隔震系统的滞后性状，由数值计算得出。

3.4.3.2 英菲尼洛Ⅱ号桥设计谱

桥梁设计过程中采用的弹性设计谱如图 3.25 [49] 所示。桥梁的总长度和位置将结构归入规范的“A”组（重要性系数 =1.5）。图 3.25 还显示了性状因子 q=2 和阻尼修正因子 0.52 的简化谱，后者应用于寿命周期超过 80% 的隔震桥梁。

3.4.3.3 设计与性能确认

该桥于 2003 年竣工，此后发生了几次地震。到目前为止，其地震响应充分，无任何破坏。研究中已进行了桥梁的地震易损性评估，表明大的地震回归期会导致重大

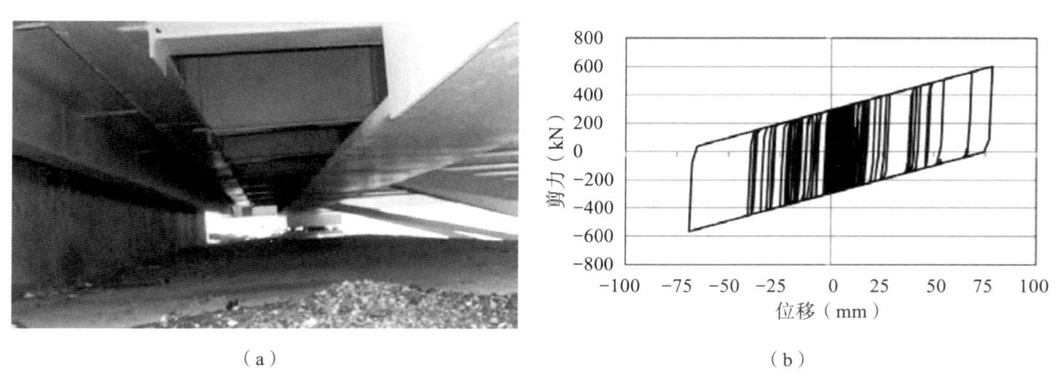

（a）　（b）

图 3.24　（a）桥面板下的隔震器图；（b）隔震系统的滞后性状（摄影：J. Jara）

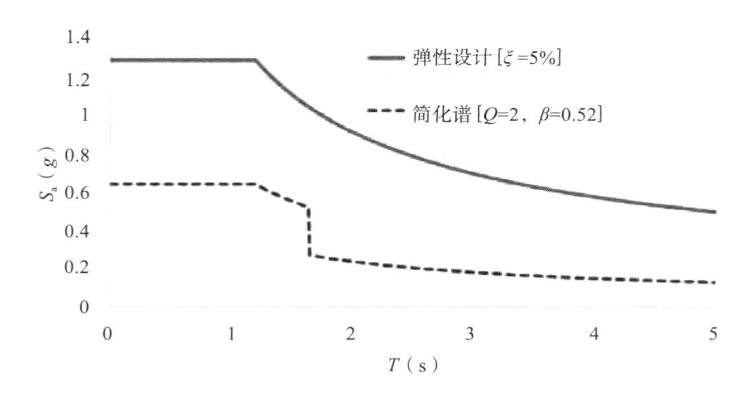

图 3.25　弹性设计谱和简化谱，用于英菲尼洛Ⅱ号桥抗震分析

破坏。[50，51]

根据环境振动实测，桥梁在横向、纵向和垂向的基周期分别为 2.5s、2.4s 和 0.9s。由于中心桥墩高 70m，远远高于 35 ~ 54m 范围内的相邻桥墩，该桥有明显的不规则性。

分析研究表明，隔震系统对降低桥梁的不规则地震响应有积极作用。作为一个例子，图 3.26（a）所示为在桥的纵向上 2 号墩（54m 高）和 3 号墩（70m 高）在俯冲地震记录下的位移时程 [图 3.26（b）]。尽管两个桥墩的位移幅值不同，但各要素均表现为同相运行。

现场地震危险性评估显示，回归期为 1000 年时，预期峰值地面加速度为 420 加仑（4.2 m/s²）。图 3.27 为不同回归期（T_r）下桥梁各墩台的预期破坏指数。为了评估桥梁的预期抗震性状，确定了每个桥墩的破坏指数。帕克等人（1984）[44] 提出的破坏指数是用于评估钢筋混凝土构件破坏的最常用的校准破坏指数之一。该指数综合了位移和滞后能量需求。在现场进行的地震危险性评估显示：回归期为 1000 年时，预期峰值地面加速度为 420gal。图 3.27 为不同回归期（T_r）下桥梁各墩台的预期破坏指数。水平线将无破坏（ND）和轻微破坏（SD）的预期极限状态分开。破坏极限状态

由参考文献 [52] 提出。与较高的桥墩（3、4）相比，较矮的桥墩（2、5）更容易遭受到破坏，但当回归期为 1000 年时，没有一个桥墩处于轻微破坏指数的上方，证明了隔震系统的有效性。

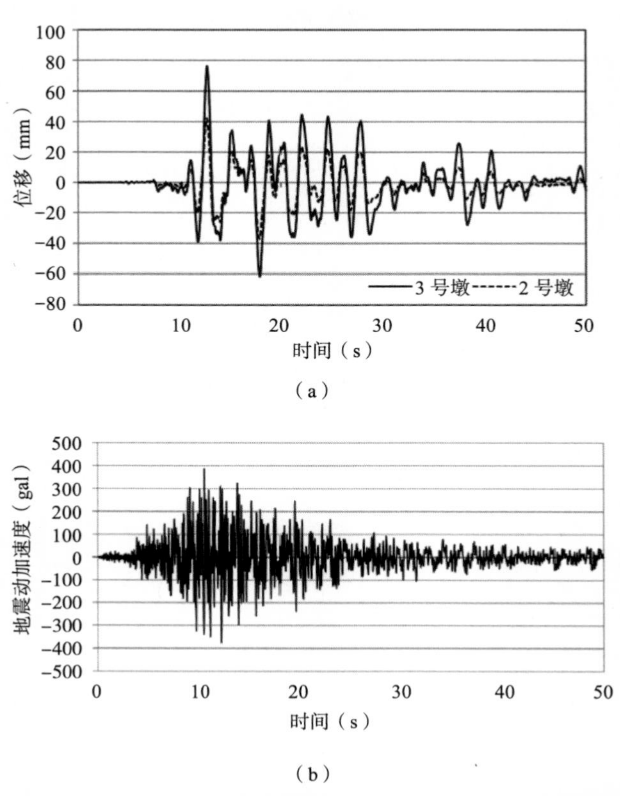

图 3.26 （a）在曼萨尼约地震作用下英菲尼洛 II 号桥 2、3 号桥墩的位移时程；（b）曼萨尼约地震记录（1995 年 10 月 9 日，M_w=8.0）[51]

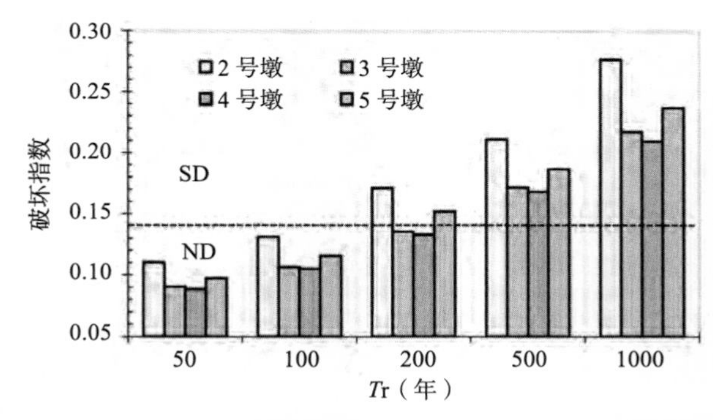

图 3.27 英菲尼洛 Ⅱ 号桥桥墩的预期破坏指数（ND = 无破坏，SD = 轻微破坏）[50]

英菲尼洛Ⅱ号桥中使用的另一滑动系统由 RJ 华生制造。[53] 这种多旋转隔震支座（图 3.28）通过调节装置中的摩擦力控制所提供的阻尼。该系统由钢、聚氨酯、聚四氟乙烯和不锈钢组成。所开发的系统是基于在布法罗的纽约州立大学地震工程研究多学科中心所进行的研究。

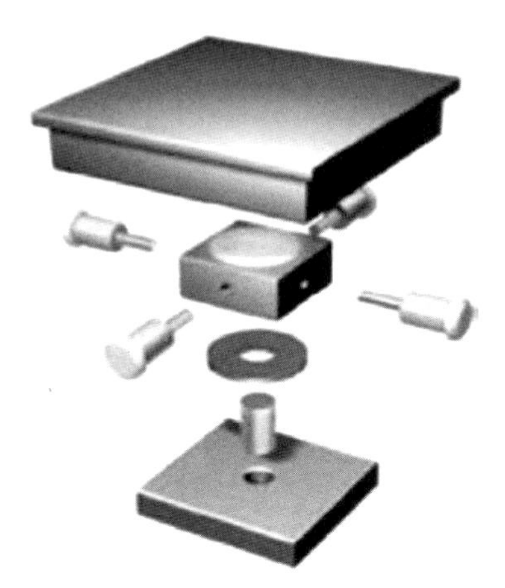

图 3.28　英菲尼洛 II 号桥[54]采用的多旋转隔震系统

3.4.4　希腊雅典奥纳西斯文化中心（斯泰吉）

奥纳西斯文化中心（斯泰吉）是一座建筑史上的标志性建筑。一项初步的结构研究表明：建筑概念，即需要在外围设置小尺寸的柱子，以便清晰地看到蛋形的内壳和大理石立面，通过制定的高性能抗震规范却无法达到此目的。而且也无法确保建筑物内的物品（即文物、记录设备等）不受诱发地震加速度的影响。[31]

3.4.4.1　项目目标

有必要在隔震系统中纳入摩擦摆系统类型，以实现下述目标：操作性能水平、保护结构的内含物和在中强地震情况下持续保持其功能。奥纳西斯斯泰吉正式成为希腊首座隔震建筑。在设计时（2002—2004 年），欧洲规范尚未出台，也没有国家隔震规范可用，因此采用了《国际建筑规范》（IBC）的规定。

3.4.4.2　设计和性能确认

与 475 年回归期对应的弹性响应谱如图 3.29 所示，用于上部结构的设计，而对于隔震系统，则采用最大考虑地震，即具有 2400 年回归期的地震，它被认为符合 IBC 规范的要求。在响应谱（RS）分析中，对两个谱采用阻尼修正因子 η=0.70，以考虑隔震器的消能。该因子仅适用于周期大于 80% 的隔震结构基周期的情况，此时产生了图 3.29 响应谱中所示的阶跃。在时程分析中，采用与隔震器摩擦特性对应的阻尼值；这些值较低，相应地对应较低的阻尼修正系数。对于性状因子，上部结构设计谱取 q=1.5（图 3.29 中的深色虚线），隔震系统设计谱取 q=1（图 3.29 中的浅色虚线）。

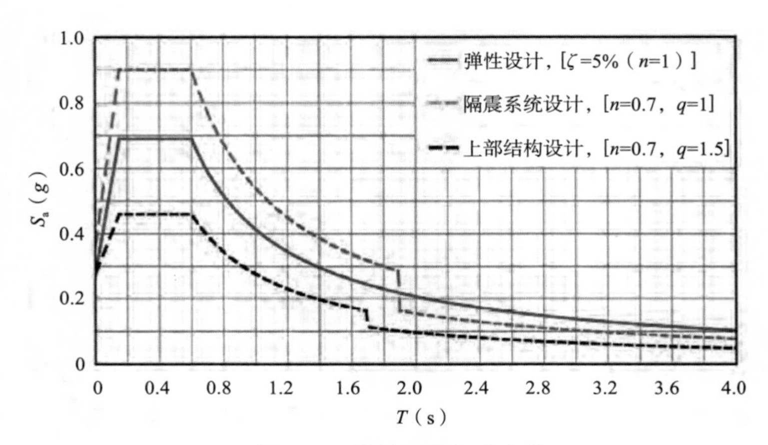

图 3.29 设计水平加速度谱

抗震设计分三个连贯步骤进行：（1）采用等效单自由度系统进行简单计算；（2）动力响应谱分析；（3）在三维有限元模型上采用选定的地震记录结果进行非线性时程分析，如图 3.30 所示。第一步是隔震系统的方案设计，即隔震系统动态特性的选择。在三维有限元模型上的动态响应谱（R-S）分析是设计方法的下一步，旨在：（1）验证基周期；（2）计算最大位移；（3）验算抗拔力；（4）进行结构单元的最终设计。最后，为了进一步了解结构的性能，也为了设计隔震系统，进行了非线性时程分析。

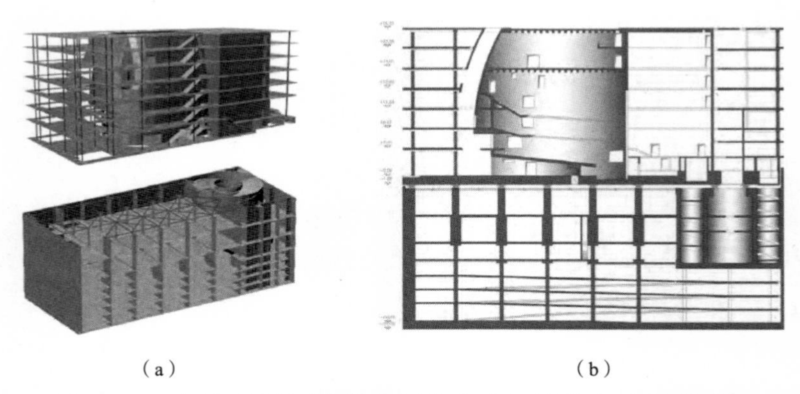

（a） （b）

图 3.30 上部结构及地库的结构模型：（a）三维图；（b）纵段面图

地面层的隔震将上部结构与地下室分隔开。两部分之间的荷载传递由放置在地面楼板之下的 46 个支座完成（图 3.31）。隔震系统的设计使结构呈现出特定的理想动力性状。临界动力特性为基周期；随着周期的增加，谱加速度减小，但最大位移增加。考虑到抗震缝尺寸的约束，隔震结构的周期选为 T=2.15s。这导致上部结构的设计加速度为 0.09g。如果建筑物没有进行隔震设计，那么，根据初步研究的结论，其水平向的周期将在 0.20 ~ 0.34s 之间（即在谱的水平部分），导致谱加速度为 0.46g，比原来的 5 倍还大。而且，隔震系统的采用大大降低了层间漂移比。根据修正后的在地面和顶层的森特罗记录，图 3.32 分别给出了绝对位移时程。可以看出，地面与顶层的位移差异很小。表 3.3 给出了 x、y 方向的层间漂移比。隔震结构的响应谱和时程分析结果显著低于常规结构。

图 3.31 放置在地下一层柱顶上的支座；钢桁架起隔板作用（摄影：C. Giarlelis）

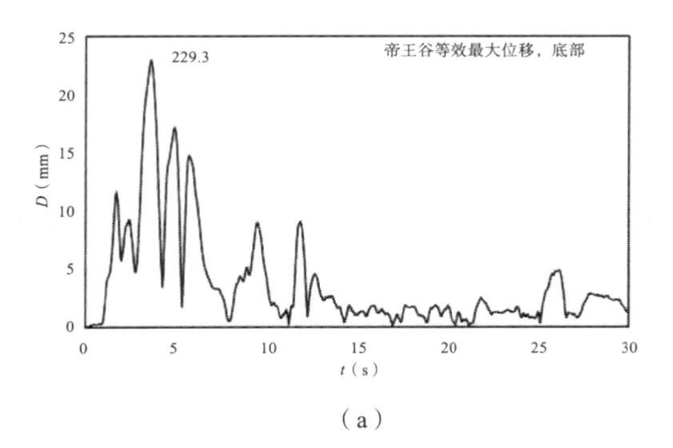

（a）

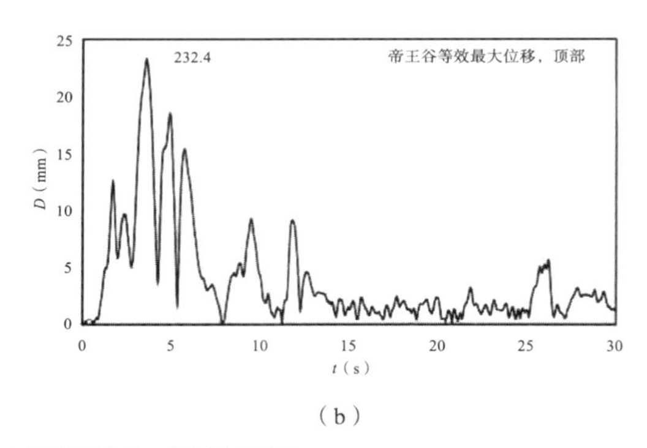

（b）

图 3.32 （a）地面及（b）顶层的绝对位移时程

对层间漂移比 γ 的不同类型分析比较　　表 3.3

层号	高度	传统结构 *R-S* 分析		隔震结构 *R-S* 分析		隔震结构非线性 *t-h* 分析	
	H（m）	γ_x，*max*（10^{-3}）	γ_y，*max*（10^{-3}）	γ_x，*max*（10^{-3}）	γ_y，*max*（10^{-3}）	γ_x，*max*（10^{-3}）	γ_y，*max*（10^{-3}）
7	26.53	0.63	1.13	0.22	0.31	0.20	0.29
6	22.87	0.93	1.44	0.29	0.34	0.17	0.34
5	19.20	0.83	1.85	0.31	0.40	0.19	0.39
4	15.53	0.85	1.85	0.31	0.45	0.19	0.42
3	11.87	0.82	2.11	0.32	0.40	0.15	0.39
2	8.20	1.00	1.76	0.32	0.64	0.17	0.60
1	3.20	0.63	3.01	0.25	0.38	0.17	0.28
0	0.00						

3.5 新建筑物的响应控制设计

阻尼器是一种附加的消能装置，用于提高建筑物在外部荷载作用下的结构动力响应。例如，阻尼器用于建筑物在风或地震荷载下的响应控制。[55]

建筑物的响应控制系统设计比隔震建筑物的设计更具挑战性。在结构平面中布置阻尼器的情况下，阻尼器可以有效地改变结构的位移响应和振型。根据阻尼器类型的不同，结构响应在地震运动时可能发生重大变化，因此，即使在相关规范允许的范围内，也须谨慎应用简单的分析方法，如等效横向力法或模态组合法。另一项挑战是，虽然存在各种类型的阻尼器，但还没有出现一个有效的阻尼器模型涵盖所有装置类型的情况。

在现有的国际规范中，阻尼器一般分为与速度相关的阻尼器和与位移相关的阻尼器。由于某些阻尼器的动态响应对于速度的依赖度很高，所以，不能准确使用等效静载荷或模态组合法。因此，动力时程分析法是了解结构实际性状、确认响应受控结构的总体设计的首选方法。

《美国标准》ASCE 7-16 [43] 包含了一个关于带有阻尼器的新建筑物设计的详细章节。《欧洲标准》EN 15129 [41] 涵盖了各种抗震装置，包括隔震器和阻尼器，其中解释了基本的设计规则，并列出了这些装置的机械要求。EN 15129 中 [41]，虽然设计部分比 ASCE 7-16 [43] 规范更简短，但对装置的要求解释更全面。在 EC8 [42] 中，并没有响应控制设计的专门章节。同样，《日本地震规范》[44] 也没有包含建筑物响应控制设计的专门章节。然而，日本隔震响应控制委员会学会（JSSI）《被动控制手册》[32] 包含了关于结构物响应控制设计的详细解释，包括设计实例。

3.6 响应控制系统设计基础

对于响应控制系统设计，有两个基本步骤。第一步，将结构转换为等效的单一自由度（SDOF）系统，对于选定的阻尼器类型和位置，阻尼器的总消能表示为等效模态黏滞阻尼 [方程（3.3）]。在此情况下，E_d 为某一结构模态在一个全周期内消散的能量，W_e 为最大位移处消散的弹性能量。将得到的阻尼加到结构固有阻尼上，并根据该总阻尼比减小设计加速度谱。根据阻尼器类型的不同，结构的周期可能会发生变化，这应该在谱响应评估中解决（图 3.33 和图 3.34）。

该建筑物可通过实施修正谱的模态组合法进行设计。如果阻尼器增加了结构的刚度，那么在模型中应该考虑这个额外的刚度。例如，如果所讨论的阻尼器与位移相关，则将谱位移对应的阻尼器的有效刚度加到结构刚度上（图 3.33）。该设计步骤类似于传统建筑物设计，使用的是容量 - 需求法或隔震结构的初步设计。同样，对于速度相关的阻尼器，应该注意的是谱响应仅受等效阻尼的影响，如图 3.34 所示。

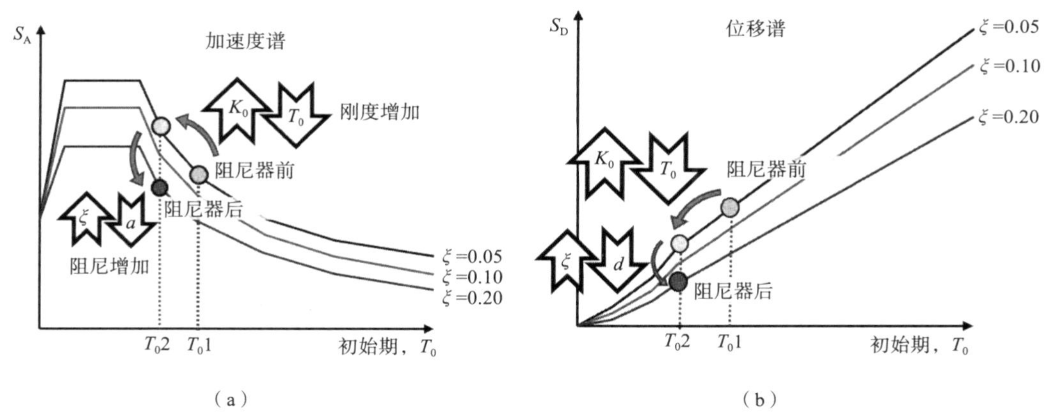

图 3.33　采用位移相关装置（如屈曲约束支撑）的响应控制：(a) 加速度谱；(b) 位移谱

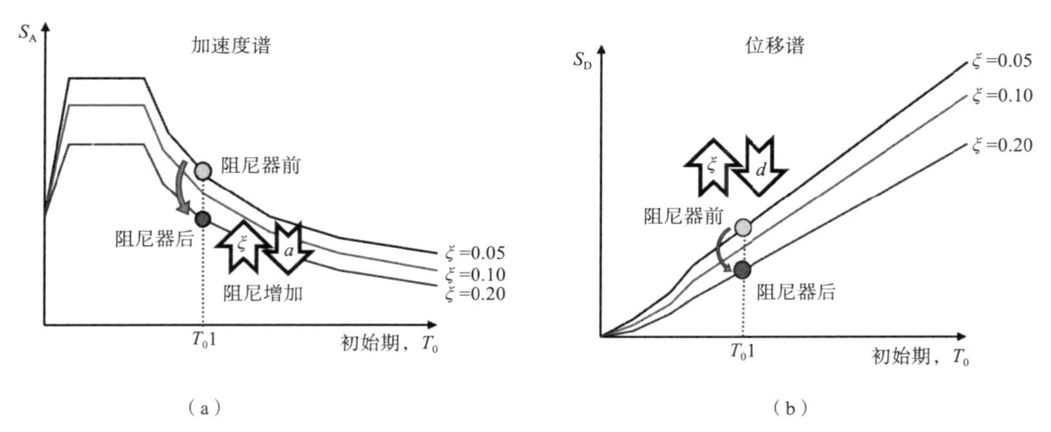

图 3.34　带有诸如黏滞阻尼器的速度相关装置的响应控制：(a) 加速度谱；(b) 位移谱

第二步，通过非线性时程分析确定设计方案。在这一阶段，对于阻尼器的确认，一般采用最大考虑地震级的地震输入（回归期为 2475 年）。在此阶段，阻尼器的仿真建模是取得精确结果的关键。

在本节中，屈曲约束支撑（BRBs）被描述为一个典型的响应控制系统。一般来说，屈曲约束支撑是一种经过良好测试的系统，该系统由见多识广的工程师和信誉良好的供应商精心设计和详细说明后，即可实现卓越的性能。然而，这些支撑物的独特特性可能会产生几种不良的破坏机制，而这些机制直接受到针对相邻框架、连接和限制器决策的影响。因此，一个好的系统级设计需要工程顾问了解支撑物本身的细微差别。

近年来的详细研究已经证明了一些特定机制，在载荷和位移显著低于传统设计验算所预期的载荷和位移时就会出现这些特定机制。一般来说，屈曲约束支撑的设计必须考虑强度和稳定性，同时考虑局部和整体的性状，如图 3.35 所示。[56]

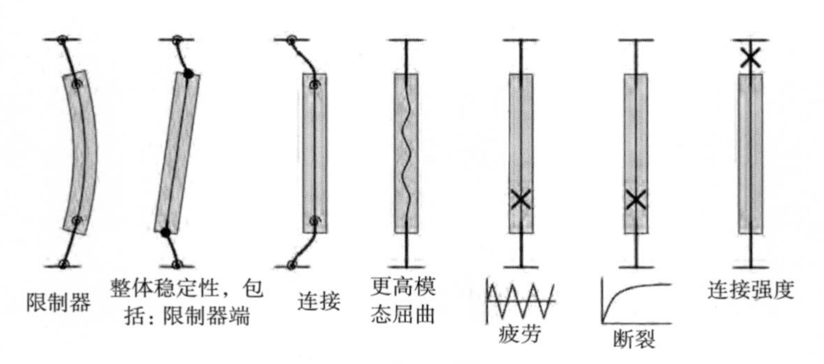

图 3.35　屈曲约束支撑的稳定性与强度 [56]

为了达到稳定的滞后性，应满足以下设计条件：

——限制器成功抑制了芯部的第一模态屈曲；

——剥离机制解除轴向要求，并考虑到芯部的泊松效应；

——抑制因高模态屈曲而引起的限制器壁膨胀；

——确保整体面外稳定性，包括连接；

——低周疲劳能力满足预期需求。

当屈曲约束支撑作为弹塑性类型的阻尼器添加到弹性建筑框架中时，其整体性状可以用图 3.36 来解释，这与图 3.4 所示的性状相同。当响应控制系统遭受地震引起的破坏时，假定前提是阻尼器使结构框架保持在弹性范围内。这个图类似于采用弹塑性阻尼器（如 U 型钢阻尼器）的隔震系统。

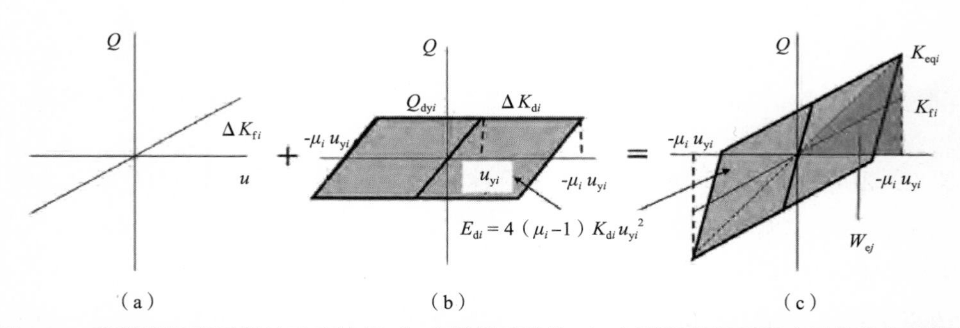

图 3.36　带弹塑性阻尼器的响应控制：（a）弹性建筑物；（b）弹塑性阻尼器（屈曲约束支撑）；（c）整个系统

μ：延性比

K_{fi}：第 i 层楼弹性结构的框架刚度

K_{di}：第 i 层楼弹塑性阻尼器初始刚度

K_{eqi}：第 i 层楼整个系统的等效刚度

u_{yi}：第 i 层楼弹塑性阻尼器的屈服位移

3.7　响应控制设计实例：日本东京工业大学环境节能创新建筑，有屈曲约束支撑的钢制低层建筑

最近的一个 8 层楼的低层建筑例子是东京工业大学的环境能源创新(EEI)建筑，2012 年竣工，如图 3.37（a）和（b）所示。连接到主楼的太阳能电池板围护结构和阻尼器的布置如图 3.37（c）所示。这座建筑采用了 4650 块太阳能电池板，阳光明媚时，大楼电力自供。[56，57]

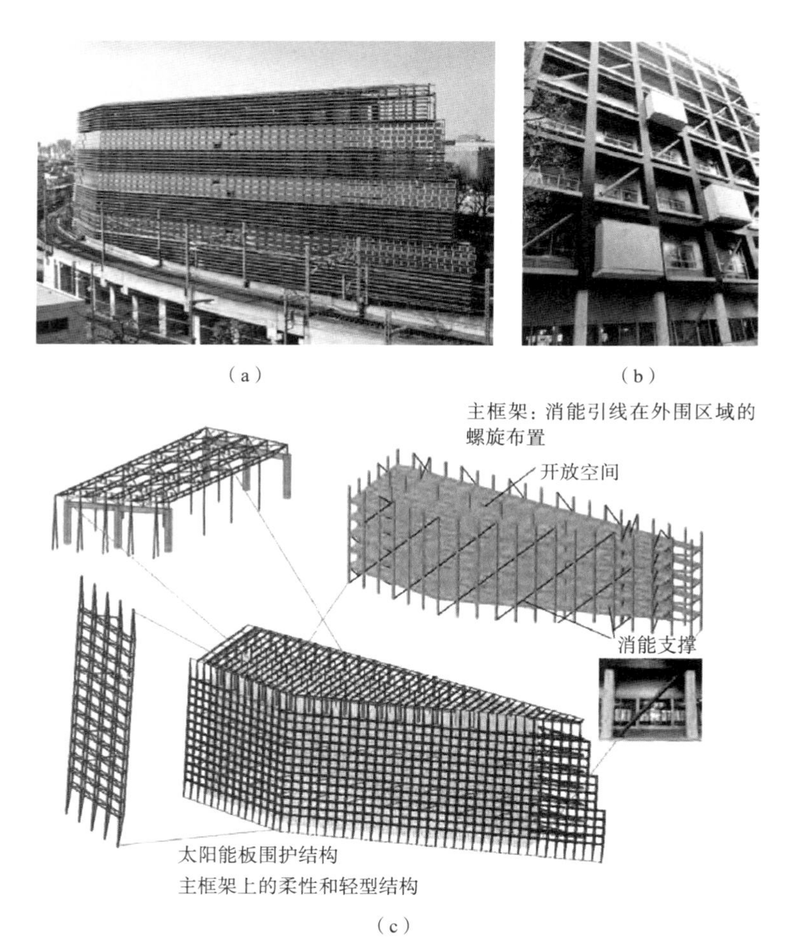

图 3.37　日本东京工业大学环境能源创新大楼：（a）南楼建筑视图；（b）北楼建筑视图；（c）结构体系（摄影：T. Takeuchi）

3.7.1　项目目标

环境能源创新建筑的总建筑面积为 9000m²，用于研究实验室和未来能源和环境战略的教育中心，包括太阳能电池板、燃料电池及其应用设施。建筑物本身应该采用

这种“环境与能源”的概念，以实现能源高效利用率及二氧化碳减排率。在环境能源创新大楼中，研究设施所产生的二氧化碳排放的急剧减少是个主要目标。为此，建筑物的三个外表面都使用了太阳能电池板。为了在狭长的楔形建筑上将拟用的太阳能电池板数量最大化，创建了一个分离的太阳能电池板围护框架。

作为响应控制装置，高性能屈曲约束支撑被安装在建筑物的外部框架内，使环境能源创新建筑成为一个抗震结构，同时保留了大型开放的内部空间。该系统会消散小规模地震产生的能量，降低每层楼的响应位移和加速度。此外，它还能避免大规模地震对梁、柱和建筑物外部的破坏，从而确保建筑物的长期使用。

3.7.2 设计及性能确认

屈曲约束支撑沿周边分布，采用的是具有芯部屈服强度为 225MPa（LY225）的低屈服钢材料，旨在实现屈曲约束支撑与框架刚度比 K_d/K_f=1.0，首层抗剪强度为 10000kN，约为主框架抗剪强度的 1/8。屈曲约束支撑在 1/700 层漂移角时开始屈服，对应的基底剪力比为 0.15，将最大层角减小至一半以下（下图以粗体线表示已产生的屈曲约束支撑）。一级（*PGV*=25 cm/s）和二级（*PGV*=50 cm/s）地震的分析结果分别见图 3.38 和图 3.39。而没有屈曲约束支撑的普通结构在二级地震（50 年内 10% 的超越概率）作用下，梁端出现严重的屈服和断裂（日本设计地震等级）（图 3.39），额外的屈曲约束支撑足以保持主体结构弹性，并在即时占用等级内降低最大层漂移角。如图 3.38（c）和图 3.39（c）所示，在分析中使用的两个地震等级上，与普通框架型模型相比，屈曲约束支撑的建筑模型的动力响应显著降低。就设计等级而言，楼层的漂移角低于 1/200，即意味着结构和非结构构件将承受该地震等级的最低限度破坏，甚至无破坏。

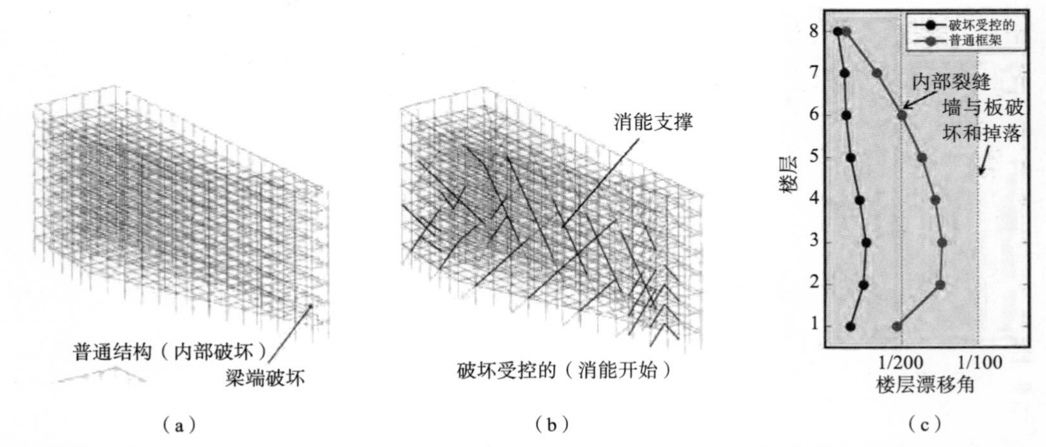

图 3.38 *PGV*=25cm/s 一级地震破坏与漂移分析结果：（a）普通结构；（b）破坏受控的结构；（c）层间漂移比较 [56]

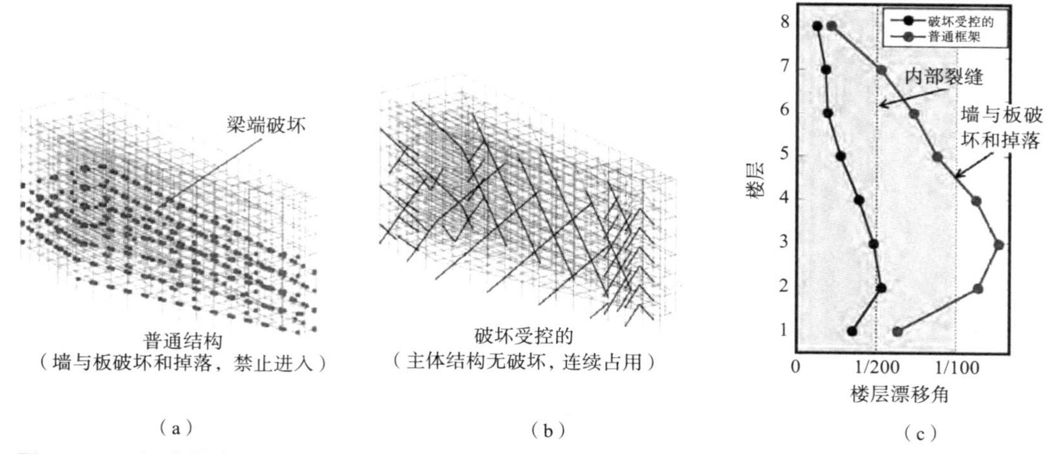

图 3.39　二级地震（*PGV*=50 cm/s）破坏与漂移分析结果：（a）普通结构；（b）破坏受控的结构；（c）层间漂移比较 [56]

第 4 章　采用隔震与响应控制系统进行抗震改造

本章详细介绍了用于提高既有钢筋混凝土结构抗震性能的隔震与响应控制系统的抗震装置。

在民用防护上，学校和医院等设施发挥着重要作用，特别是在发生大地震后，它们确保了主要服务设施运行的连续性。因此，为了保证这些设施的不间断运行，对这些建筑物进行持续升级并使其符合最新的标准至关重要。最近，创新材料的开发和隔震与响应控制系统的后续进展推动了地震保护技术的不断改进。这些新方法通常用于平面和高度上不规则的结构，特别是当它们处于高震区且增加了性能要求时更是如此。

进行抗震改造，特别是对医院、政府建筑或工业设施等关键建筑物进行改造，采用隔震与响应控制系统是首选，因为这些建筑物无法进行重建。这些创新的改造方法可以在建筑物运行期间实施。

许多国际规范都有专门的章节评估既有建筑物的结构性能和改造设计。然而，大多数规范并未充分涵盖隔震与响应控制系统的设计，这是实施这些技术的主要障碍之一。ASCE41-17 [58] 是专门为既有建筑物的抗震评估和改造而制定的规范，其中包括了对这些系统的一些规定。

使用隔震或响应控制装置进行改造设计与采用这些装置设计新建筑物非常相似。唯一重要的区别是：改造方案应该量身定制，以适应已经存在的结构布局。因此，每个具有隔震或响应控制的改造项目都是一项独特的工作，需要进行详细规划并执行。在下一节中，这种改造项目将以统一格式进行表述，包括列出每个项目的目标，以及性能要求和应用步骤的信息。

4.1　隔震改造设计实例

4.1.1　土耳其伊斯坦布尔钢筋混凝土医院综合体的隔震改造

伊斯坦布尔的马尔马拉大学巴西布尤克培训和研究医院，占地 11.3 万 m^2，拥有 750 张床位，因此，它是世界上采用隔震措施改造过的最大医院。应用系统由 688 块铅塞橡胶和 154 座滑动支座组成。[59] 该医院建于 1991 年，由 16 个不同高度的独立矩形区块和一个停车场区块组成（图 4.1）。该医院建筑虽与既有规范不符，但进行了全面改造，因为它是伊斯坦布尔最重要的医院之一。众所周知，该地区位于高风险地震带。

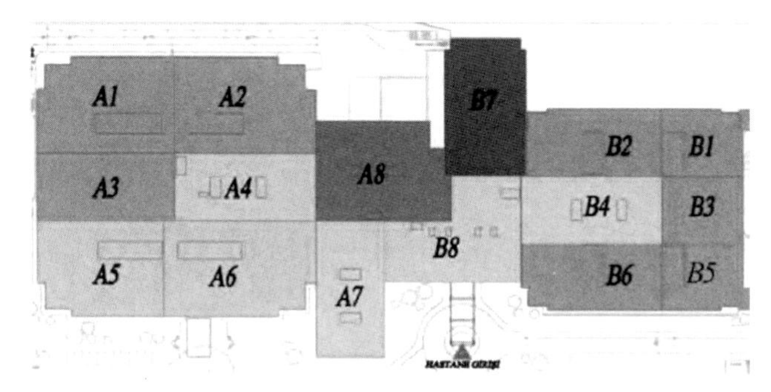

图 4.1 不同区块的建筑布局及表现形式[59]

不同区块在平面和高度上都是规则的。然而，它们的楼层数不同。A1、A2、A3 区块 4 层，A4、A7、B4、B8 区块 12 层，A8、B7 区块 13 层，A5、A6 区块 2 层，B1、B2、B3、B5、B6 区块 3 层，停车场区块 2 层。

4.1.1.1 项目目标

由于设计区块的非均匀性，也由于基础标高的变化（共用基础有三个不同的标高），所以在高度上，该结构被认为是不规则的。根据 1998 年更新的土耳其地震标准采用的新要求，该结构在 2002 年进行了改造，增加了钢筋混凝土剪力墙和柱护套。然而，在 2007 年的规范更新后，除了停车区块外，最近的改造申请没有满足新标准的要求。经过详细的分析和可行性研究，决定采用隔震技术对结构进行改造。

在传统的改造方法中，基于性能的实用方法会建议通过从内部或外部添加新的延性混凝土剪力墙来提高强度，同时纠正控制既有系统变形能力和稳定性等关键要素的缺陷。然而，传统方法有以下缺点：

——要求在每层楼进行施工；

——增加的剪力墙影响建筑特色；

——医疗设备和建筑构件可能受损；

——地震时感受到的高加速度会引起恐慌和干扰；

——医疗服务可能会中断。

相比之下，隔震改造为本项目带来了以下优点：

——在震中和震后不中断医疗服务；

——通过极低的加速度传递到上层结构，提供了舒适性；

——结构和建筑构件以及医疗设备均不受损；

——对建筑特色的影响最小；

——除了统一高层区块以防止锤击敲打外，上部楼层未受干预。

本工程的隔震改造原则如下：

——需要提供所有可能的隔震器位置；

——在一楼楼板下方安装隔震器（成本最低、效率更高、施工较不复杂）；

——地下室地板将按常规进行改造，增加剪力墙和柱护套；

——除统一高层建筑区块外，对上部楼层不予干预；

——装有易受损和昂贵装置的重要隔墙将从地下室移至隔震的上层（例如手术室已移至二楼）；

——所有区块将在地库层统一；

——电梯和楼梯将被悬挂在地面层。

4.1.1.2　设计、性能确认和应用

一般来说，在隔震应用中，隔震装置按基础标高安装。然而，由于马尔马拉大学巴西布尤克医院的建筑区块基础标高处的差异性，在一层楼下方安装了一种隔震系统（也称为主隔震界面），以确保隔震系统的地震响应不会受到限制。在改造布局中，地下室的地板通过添加剪力墙和柱护套进行常规改造。为确保楼梯和电梯的功能，在基础标高处，电梯和楼梯芯墙采用滑块装置（如图“辅助隔震界面”所示）支撑，如图 4.2 所示。电梯或楼梯芯墙与地下室楼板之间留有足够的空隙，以避免碰撞[59]。

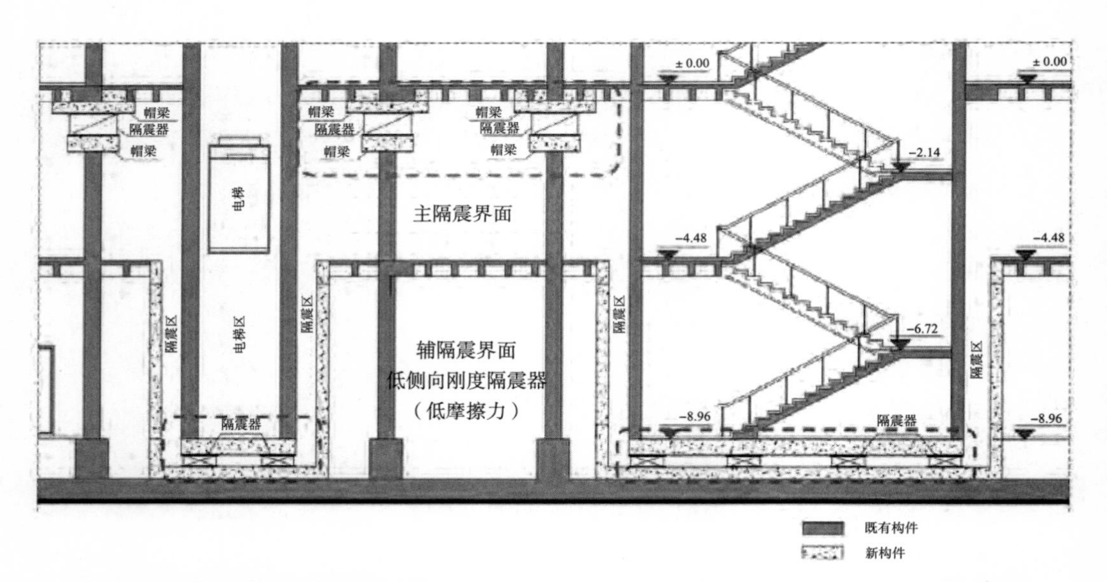

图 4.2　楼梯与电梯芯墙下隔震界面位置。新结构构件（浅灰色）用于适应不同标高的隔震

根据工程的隔震设计指标，对于两个不同的地震烈度等级，确定了两个不同的结构性能等级。对于 50 年超越概率为 2% 的地震等级（最大考虑地震级地震，回归期为 2475 年），目标性能等级为“生命安全”；最大隔震器位移被限制在 500mm，传递到上部结构的基础剪力被限制在总地震重量的 13.35%。对于设计级地震事件（回归期为 475 年的设计基准地震级事件），性能目标要达到“即时占用”级。上述地震

动的相对位移（层间漂移）如图 4.3 所示，以较高区块的单块（A4、A7、A8、B4、B7、B8）为例。

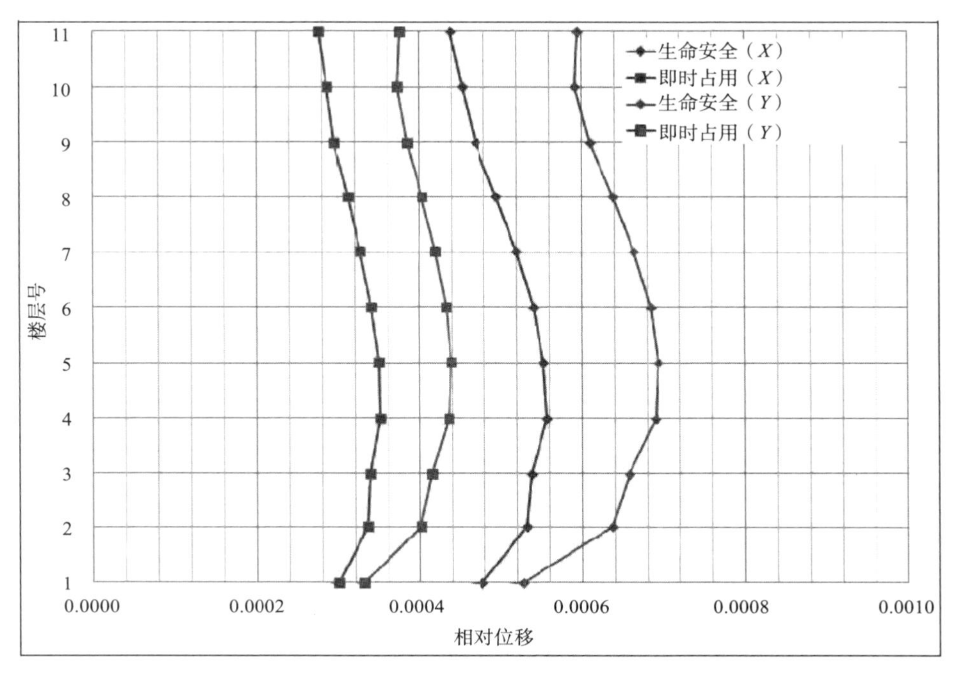

图 4.3　对于设计基准地震（深色）级和最大考虑地震（浅色）级，在两个正交方向上的层间漂移比剖面 [59]

安装过程是使用隔震装置进行隔震改造的最重要方面之一。在柱切割过程和隔震器安装过程中，应暂时和安全地支撑起建筑物的垂直荷载。另一方面，对于穿过隔震层的垂直连续组件，如电梯井或楼梯，需给予特别关注，并提供特殊解决方案。

根据参考文献 [59]，对于马尔马拉大学巴西布尤克医院隔震器的安装过程，设计团队提出了一种防止垂直偏转的安装技术，因为垂直偏转可能会对建筑物隔震层以上的部分造成破坏。建议的技术为：对每根柱使用两个钢夹，钢夹之间间隔 40 ~ 50cm。由高强钢后张钢筋制成的这些夹子被紧固到柱上，通过能力足够的液压千斤顶卸载两个夹具之间的柱段。然后用金刚石线锯切割这些柱段并取出，将隔震器插入其间，通过灌浆将隔震器锚固在之前切割的柱子表面上。灌浆凝固后，液压千斤顶卸载，通过这种方式，柱中的垂直荷载被转移到隔震器上。柱切过程及隔震器安装如图 4.4 和图 4.5 所示。已完成的改造工程如图 4.6 所示。

在柱切割和隔震器安装过程中，为了避免后张损失和保持柱的高度，所有的垂直偏转都被持续监测。图 4.7 所示为改造后的马尔马拉大学巴西布尤克培训和研究医院综合体。

图 4.4　柱块的顶升、金刚石线锯切割和提取（摄影：R. Turan）

图 4.5　隔震层安装（摄影：R. Turan）

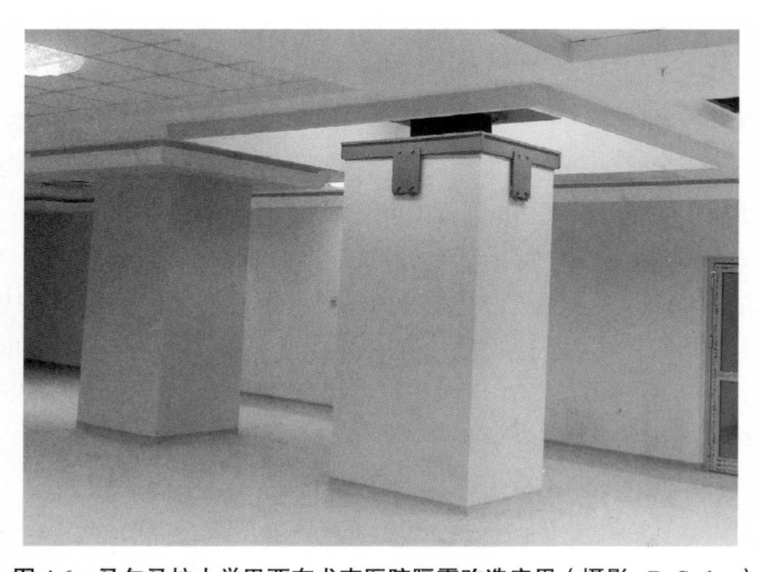

图 4.6　马尔马拉大学巴西布尤克医院隔震改造应用（摄影：B. Sadan）

图 4.7　改造后的马尔马拉大学巴西布尤克培训和研究医院（摄影：B. Sadan）

4.1.2　希腊雅典使用隔震的住宅建筑改造项目

希腊雅典的该建筑为钢筋混凝土结构，是南欧 20 世纪六七十年代设计的住宅建筑的代表作品，因此其设计依照的是当时的规范。图 4.8 给出了特征横断面和平面图。使用 EC8 规范条款对结构进行的地震评估响应谱分析显示，许多结构构件的结构性能较差，承载能力不足。[60]

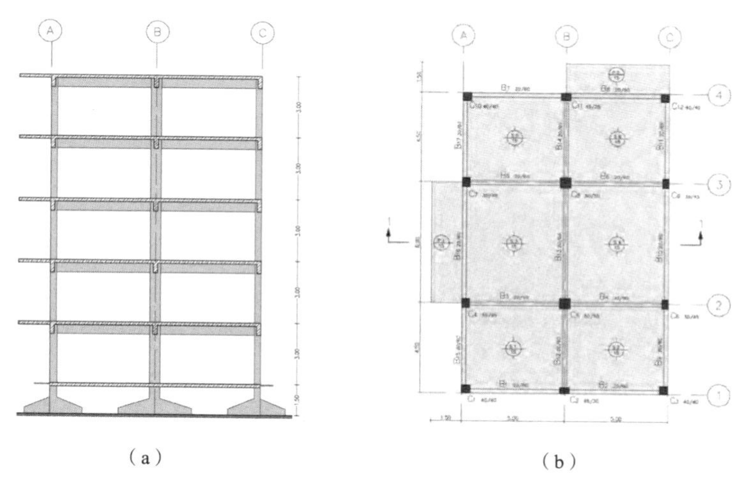

（a）　（b）

图 4.8 （a）建筑物的横断面 1-1；（b）地面层布置

4.1.2.1　项目目标

根据最新规范，这座建筑需要进行抗震升级。传统方法如应用钢筋混凝土柱护套、纤维增强聚合物（FRP）或实施新的钢筋混凝土剪力墙或钢支撑等，都被取而代之，该项目采用的是隔震方法。为此，在基础标高上放置摩擦摆系统（FPS）支座。

4.1.2.2　设计和性能确认

建筑物的评估和抗震升级采用 EC8-1 的弹性响应谱。[42] 雅典设计参考峰值地面加速度为 a_gR=0.16g，B 类土的土质系数 S 等于 1.2，建筑物的重要性系数对应于二类重要性（住宅用途）为 γ =1.0，阻尼因子为 η=1（对于粘滞阻尼，ξ = 5%）。按 EC8-3 的定义[61]，考虑性能级别 B1。这对应于 50 年内地震作用超越概率为 10% 的生命安全水平的性能要求，即平均回归期约为 475 年。弹性响应谱为如图 4.9 所示的“弹性设计”。在同一图中，虚线描述的等效恒定响应谱对应于最初用于结构设计的 1959 年希腊抗震规范。改造前建筑物的结构模型如图 4.10 所示。

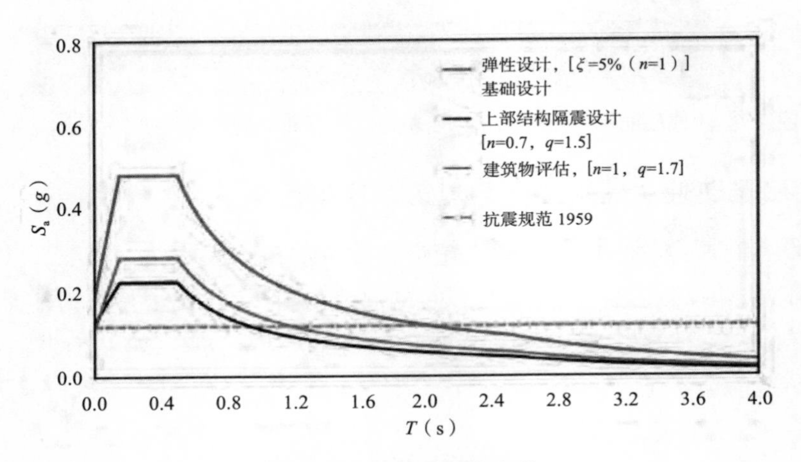

图 4.9　水平加速度响应谱

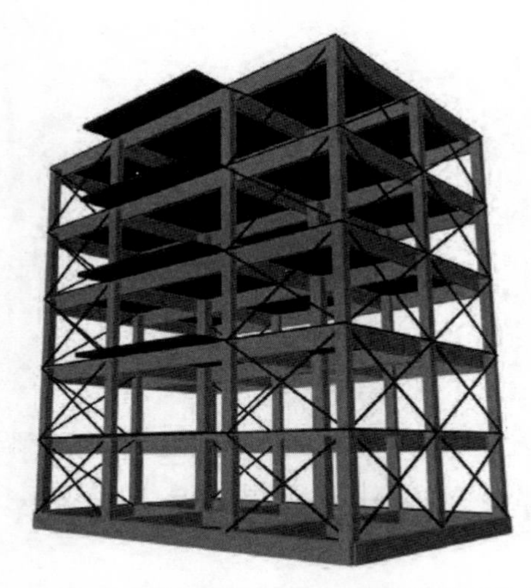

图 4.10　改造前建筑物的结构模型。对角线代表砌体填充墙

对于隔震结构，由弹性响应谱导出上部结构、基础和隔震系统的设计谱。在水平方向上，对于上部结构和隔震系统的设计，弹性设计谱采用 η=0.70 的阻尼修正因子。至于性状因子，针对与准弹性性状对应的上部结构设计响应谱，取 q=1.5。对于隔震系统，在检查应力条件时，不使用性状因子（q=1）。此外，按照规范要求，将一个放大因子 γ_x 应用于位移。根据 EC8-1 的希腊国家附录，所用的 γ_x 值为 1.5。

另一种可选方法是在基础标高上使用隔震装置。然后通过一系列线性和非线性分析测试结构的性状。结果表明，所有现有隔震层以上的结构构件均具有足够的承载力。此外，层间漂移明显低于原结构，但也低于传统方法加固的结构。而且，与传统的抗震升级方法不同，在隔震层以上，不需要任何结构干预。这意味着原建筑原理可以保留下来，抗震升级时间更短，对居民更便捷。

原建筑、常规改造建筑和隔震建筑的层间漂移比如表 4.1 所示。可以得出结论：隔震结构的层间漂移比约为干预之前的 25%，比常规改造的结构要低得多。

为了实施隔震系统，需要在隔震层以上和以下分别设置隔板 [图 4.11（a）]。通过使用传力杆，将既有扩展基础封闭起来的刚性垫式基础作为支座下方的隔板，而在地面层建造的钢筋混凝土梁和钢梁系统 [图 4.11（b）] 作为上面的隔板。应该指出，为了给隔震器未来的检查和可能的更换提供通道，地面层由上述钢筋混凝土梁和钢结构组成，支撑可移动地板系统（由钢结构网格和大理石或木材组成），如图 4.11（b）所示。

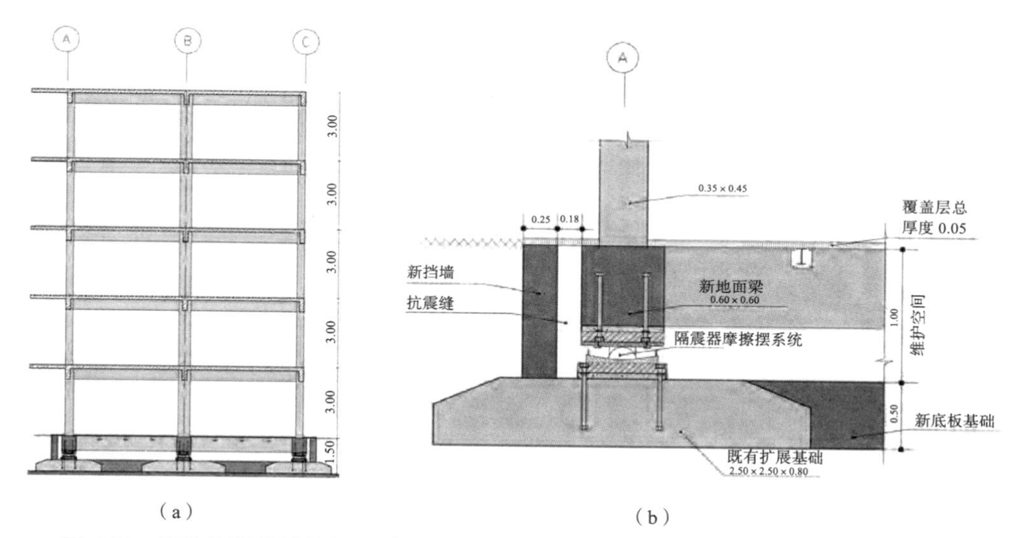

图 4.11 实施隔震的结构干预：（a）建筑物横断面；（b）剖面细部。阴影区表示有干预

对于特定建筑物实施隔震系统，有两个基本要求：（a）从地面层楼板上部到基础标高的最低高度为 1.5m，为工程施工提供了必要的工作空间；如果做不到，那么进行基础托换可能是一个选择；然而这会增加费用；（b）建筑物应是独立的，这不仅对设置抗震缝很重要，而且在施工期间能从两侧提供工作通道。

关于施工顺序，可以分三个阶段进行：

第一阶段，现有的扩展基础被封闭在一个底板基础内，并在地面层建造新的钢筋混凝土梁，从而在隔震层之上和之下形成刚性隔板。此外，抬高在建筑物周围从基础到地面层的挡墙，以便形成抗震缝。要特别注意确保抗震缝处结构的自由移动。如果基础隔震系统不能自由移动，将严重影响基础隔震的上部结构的抗震性能。因此，不允许限制抗震缝处的移动。

第二阶段，切割两个隔板间的柱，并使用液压千斤顶系统安装支座。这项工作可以分为三个子阶段，对应于四根柱的三组，考虑到安全性及成本，各柱同时进行处理。

第三阶段，钢梁连接到钢筋混凝土梁的两侧。这些钢梁支撑由钢结构网格和大理石或木材组成的地板。地板是可移动的，为检查和更换支座提供通道。

各楼层在纵向 x 和横向 y 方向的层间漂移比 γ 表 4.1

层号	既有结构（评估）RS 分析		改造结构剪力墙和柱护套 RS 分析		隔震结构 RS 分析		隔震结构 t-h 分析	
	$\gamma_{x,\ max}$（‰）	$\gamma_{y,\ max}$（‰）	$\gamma_{x,\ max}$（‰）	$\gamma_{y,\ max}$（‰）	$\gamma_{x,\ max}$（‰）	$\gamma_{y,\ max}$（‰）	$\gamma_{x,\ max}$（‰）	$\gamma_{y,\ max}$（‰）
5-4	1.59	1.44	1.10	0.92	0.41	0.38	0.39	0.33
4-3	2.75	2.36	1.17	0.98	0.53	0.49	0.54	0.49
3-2	3.59	3.00	1.16	0.98	0.73	0.66	0.68	0.61
2-1	4.16	3.39	0.96	0.82	0.91	0.82	0.78	0.71
1-0	3.15	2.67	0.47	0.42	0.89	0.79	0.71	0.67

对常规法和隔震改造的成本进行了比较，人们发现，后者的实现成本是新建筑物成本的 18%（在希腊），而前者的成本为 24%。这种比较没有考虑干预工程期间居民搬迁的成本，也没有考虑传统法改造新墙和柱护套所占用的空间成本。而且，隔震的附加价值是巨大的。这是因为与传统结构相比，隔震结构的性能得到了增强，并保留了结构的原始建筑形式。此外，由于不需要对上层进行干预，抗震升级不仅时间更短，而且方式更平稳，对居民造成的妨碍最小。最后，在工时方面，常规改造预计需要 12 周，而实施隔震法则为 5 周。

4.2 响应控制改造设计实例

4.2.1 日本东京使用包括集成立面的有屈曲约束支撑的改造钢筋混凝土建筑物

东京工业大学的绿丘 -1 建筑是一座 6 层钢筋混凝土建筑物，设计完成于 1966 年，即在日本建筑规范 1971 年修订之前。建筑物立面图及平面图如图 4.12 所示。该建筑有 23.3m × 60m 的矩形平面，楼梯和卫生间在中间部位。坚固的钢筋混凝土墙给南北向的水平稳定性提供了保障；然而，东西向结构体系为脆弱的柱和梁组成的抗弯框架，跨度为 4.0m。根据现行标准所示的东西向抗震能力，其抗震能力指数值 I_S [62] 远小于 0.7 的目标值，即《日本抗震规范》[44] 规定的最小可接受抗震能力指数等级。建筑物二楼抗震指标得到的最小值为 0.27，表明软弱楼层存在较高的垮塌风险。

（a）

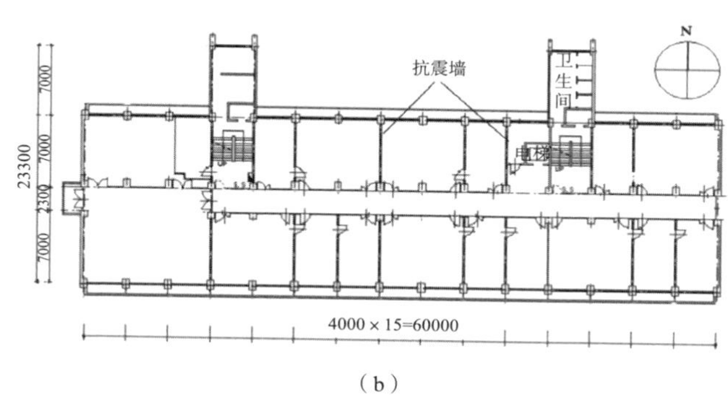

（b）

图 4.12 （a）改造前的建筑物立面图；（b）平面图（摄影：T. Takeuchi）

4.2.1.1　改造项目目的

作为屈曲约束支撑的弹塑性消能装置，它具有几个理想的特性，这些特性经常受改造工程所关注。在支撑结构中，屈曲约束支撑具有相对的刚性，可设计成在小漂移时屈服，并进行大量消能。由于抗压和抗拉强度几乎相等，连接的超强度要求被最小化，从而减少了所需的局部强化量。也可以策略性地插入屈曲约束支撑充当保险丝，保护特定构件。

非延性抗弯框架典型的改造策略之一是：沿周边安装屈曲约束支撑作为支撑构件，既可作为额外的外部框架，又可作为既有框架的平面内构件。然而，在保持持续占用的同时，这样的改造通常很难实施，并且会对建筑美学产生负面影响。此时，应该认识到：建筑物立面具有多种功能，它们不仅是抗震加固的合适地点，而且还影响能源效率和建筑外观。为了解决这些相互竞争的功能，可以采用“集成立面”的概念，将结构改造、立面设计和环境设计结合在一起，包括使用抗震消能装置提高抗震性能。

一个集成立面概念的例子如图 4.13 和图 4.14 所示。保留现有的结构，支撑重力荷载和提供弹性刚度，而屈曲约束支撑用于玻璃立面之外，作为抗震消能构件和百叶窗或玻璃的附加外表面的连接点。

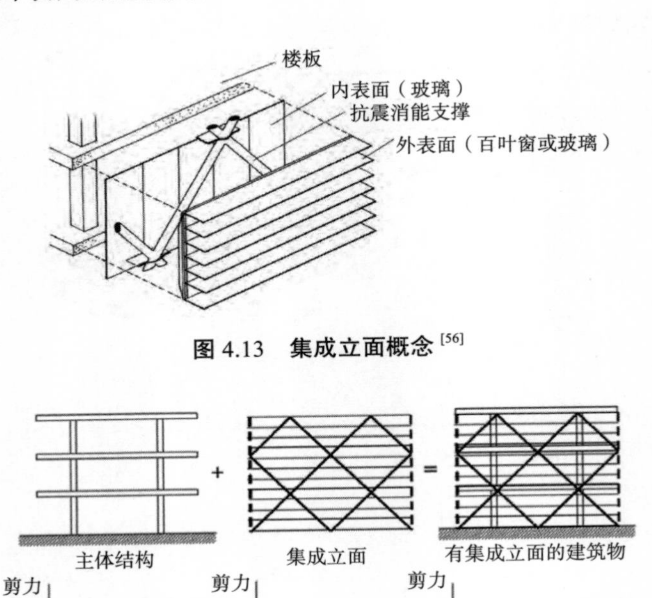

图 4.13　集成立面概念[56]

图 4.14　集成立面的结构设计概念[63]

立面并非设计为纯粹的结构构件或建筑元素，而是将这两种功能结合在一起。在结构上，支撑构件可以采用屈曲约束支撑或其他阻尼器消能，同时减少响应并保护主体结构，如图 4.13 所示。从环保角度来说，提供双层外表面是为了提高玻璃外壳的能源效率 [图 4.15（a）和（b）]，这在欧洲很常见。然而，其影响主要集中在冬季，而夏季则需要通风系统。在亚热带地区，如日本，可采用由百叶窗组成的外表面系统，如图 4.15（c）和（d）所示。

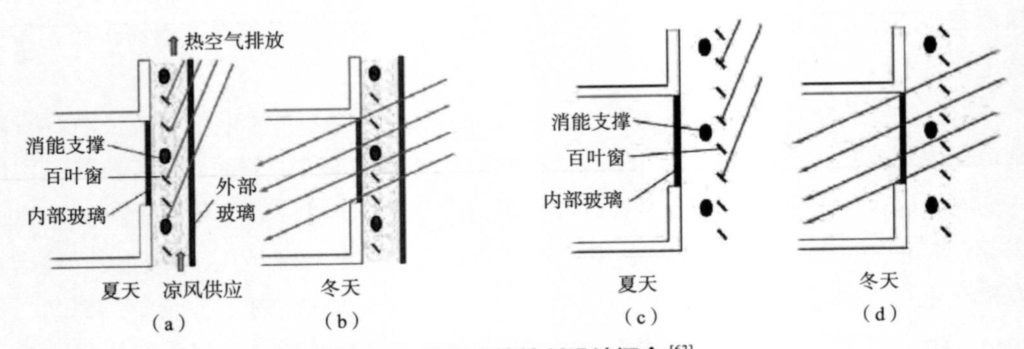

图 4.15　物理环境控制设计概念[63]

（a）双层玻璃（夏天）;（b）双层玻璃（冬天）;（c）外部百叶窗（夏天）;（d）外部百叶窗（冬天）

提出的集成立面概念被应用于绿丘 -1 号建筑。[56] 改造概念如图 4.16 所示。建筑物较低的楼层（B1F-2F）是教室，夏季一般不用，因此可以更换窗框和加固柱。这些楼板的柱子由碳纤维板加固，以防止剪切破坏及提高变形能力。为了达到目标强度，将带有百叶窗的附加屈曲约束支撑安装在立面上。这些支撑被设计成在所需的最小强度下屈服，然后作为滞后阻尼器开始消能。

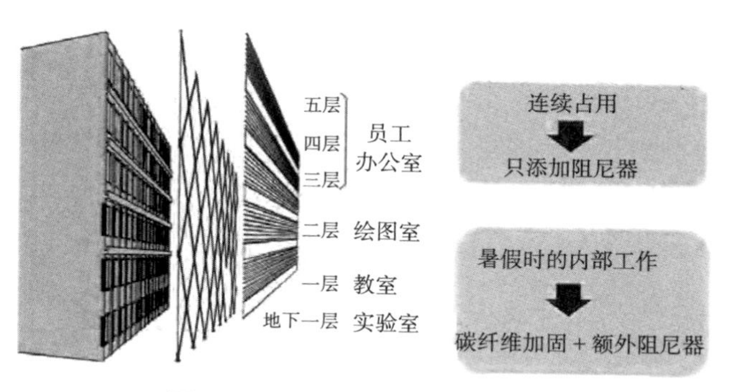

图 4.16　集成立面的改造概念 [63]

如图 4.17 所示，采用了标准的带有圆形限制器和铸造销连接的屈曲约束支撑设计，但还安装了一个特殊的可调节部件（调校螺丝），以提高现场允许公差。在图 4.17 中，一个简表概括了建筑物内应用的屈曲约束支撑的类型、尺寸、编号和位置。

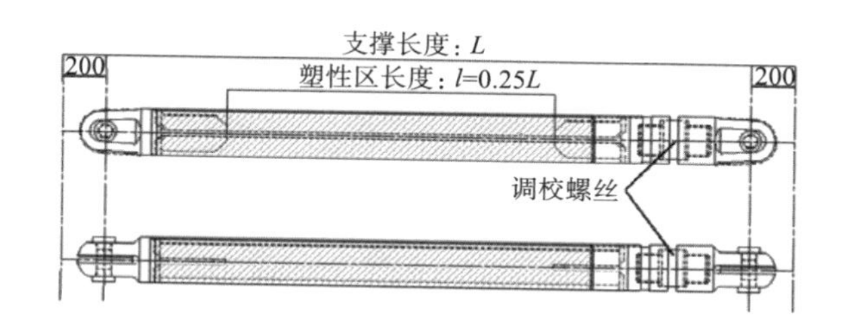

	类型	尺寸	强度（kN）	编号	位置
BRB	RB1	PL-19 × 152（LY225）	650	15	四层
	RB3	PL-32 × 153（LY225）	1102	13	三层至四层
	RB4	PL-40 × 159（LY225）	1431	80	地下一层至三层

（BRB：屈曲约束支撑）

图 4.17　应用屈曲约束支撑构件 [63]

4.2.1.2　设计、性能确认及应用

为了评估项目改造的抗震性能，研究了塑性区长度比为 l/L=0.7、0.4 和 0.25 的三种屈曲约束支撑类型（图 4.17）。此外，考虑了与屈曲约束支撑屈服强度等效的普通

H 形钢支撑的屈曲强度。将每个替代方案加入钢筋混凝土主框架的剪力 - 楼层漂移关系式。为了评价主框架的滞后性，比较了东西方向以下三种类型的极限强度指标。

（A）根据钢筋混凝土框架的改造设计建议[56]，由地震指标 *Is* 确定极限楼层强度，该指标针对每个楼层的每个竖向结构构件（柱和剪力墙）计算得出。根据构件延性确定相应的位移，在本例中，在层间漂移比为 1/250 时，临界构件达到极限承载力。

（B）根据日本建筑学会（AIJ）钢筋混凝土设计建议，对柱和剪力墙开裂阶段和极限剪切阶段的强度进行求和。还提供了初始刚度和开裂刚度，给出了总楼层强度和位移。

（C）三维静力弹塑性分析，根据（B）方法确定构件开裂和极限强度，同时包括柱的轴向和梁的弯曲变形，以便作出更精确的评估。

各方法改造前得到的第二层楼剪力 - 挠度曲线如图 4.18（a）所示。假设实际剪力 - 楼层位移关系遵循（C）线，直到 15mm 位移为止（相当于在层高为 3750mm 时，1/250 层的漂移角），那么，在本设计方案中，其假设是沿（A）线恶化。按（A）-（C）方法计算的改造后第二层楼剪力 - 位移曲线如图 4.18（b）所示。计算方法之间的关系与图 4.18（a）所示类似。然而，极限强度值几乎是其两倍高，此时建筑物不会超过 1/250 层的漂移角，因此不使用（A）线。观察了屈曲约束支撑塑性区长度对屈服漂移差异的影响。

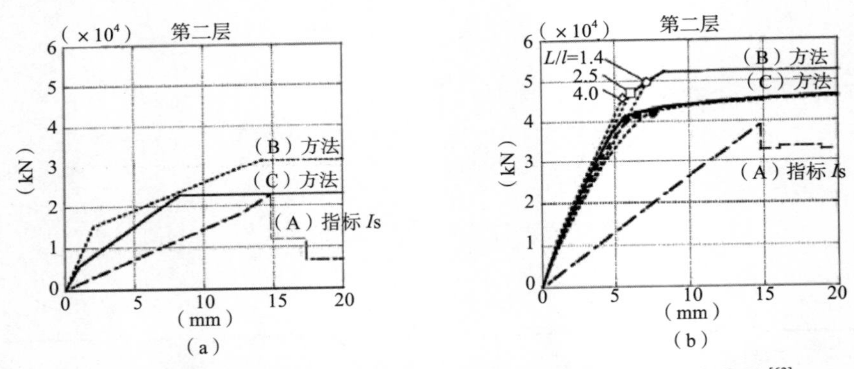

图 4.18　第二层楼剪力 - 楼层位移关系：（a）改造前；（b）改造后[63]

为了验证所评估的框架滞后性，制作了改造前后的二楼框架的简化模型，并进行了高达 1/50 层漂移角的循环加载试验。试验结果如图 4.19 所示。代表二楼框架的 1/2.5 比例试件具有后张筋引入的轴力。得到的滞回曲线如图 4.19 所示：（a）改造前及（b）改造后。在未改造的框架中，剪切破坏开始于 1/150 层的漂移角（δ=10mm），然后，水平承载力随着周期急剧下降 [图 4.19（a）]。相比之下，经碳纤维和屈曲约束支撑改造后的框架没有出现剪切破坏，但在 2% 的层间漂移角下显示出稳定的滞后曲线 [图 4.19（b）]。

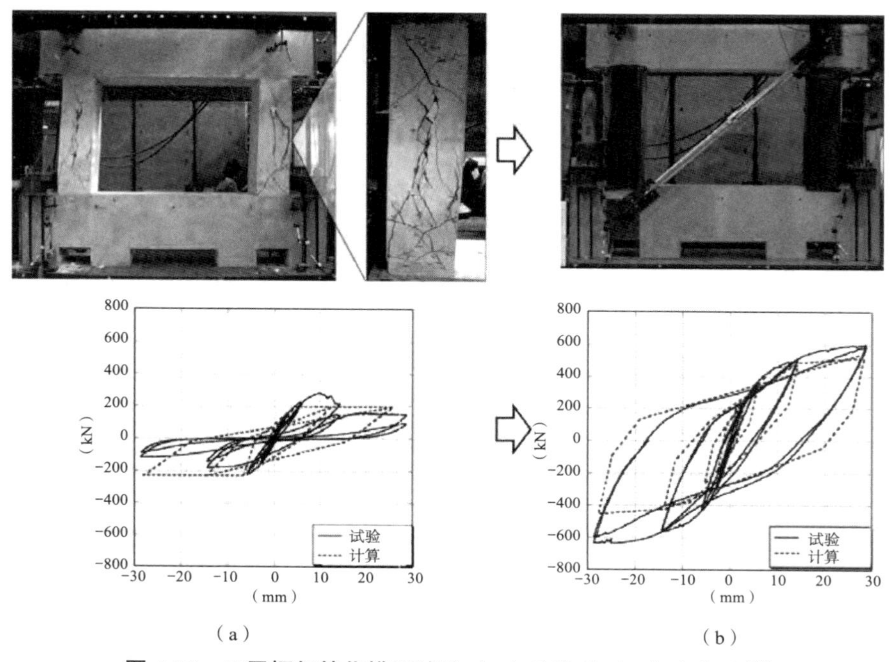

图 4.19　二层框架简化模拟试验：(a) 改造前；(b) 改造后[63]

在 l/L=0.25 条件下，采用虚线所示的滞后曲线模型进行时程分析。埃尔森特罗南北地震波，塔夫特东西地震波，八户南北地震波和神户地方气象台南北地震波，PGV 比例为 50cm/s（2 级），设计的人工波 BCJ-L2 用于建筑物的三维解析模型。图 4.20（a）为建筑物改造前的响应，其最大漂移超过 1.0%。考虑到模型试验的结果，在实际情况下，这栋建筑物预计会随着剪切破坏而在二层楼柱发生垮塌。图 4.20（b）为塑性区长度比 l/L=0.25 时的屈曲约束支撑响应，满足最大层间漂移小于 0.4%，即主体结构几乎没有损坏。

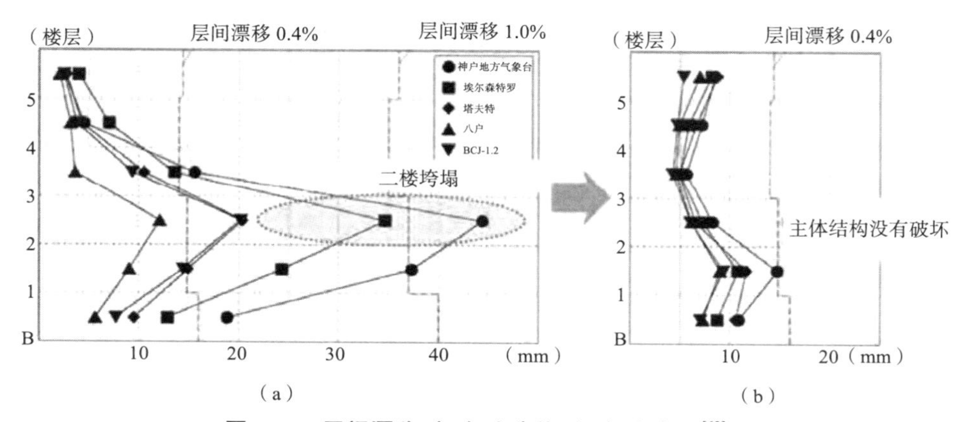

图 4.20　层间漂移：(a) 改造前；(b) 改造后[63]

屈曲约束支撑和现有建筑物之间的连接传递了一个高达2800kN的水平力，并给出了详图，以避免妨碍建筑功能。一个典型的详图如图4.21所示。首先，将化学锚从外部钻入圈梁。然后，将带有剪力钉的钢梁插入屋檐，并通过注入砂浆将其固定在圈梁上。最后，再把屈曲约束支撑与连接在剪力传递梁外表面上的支架相连接。

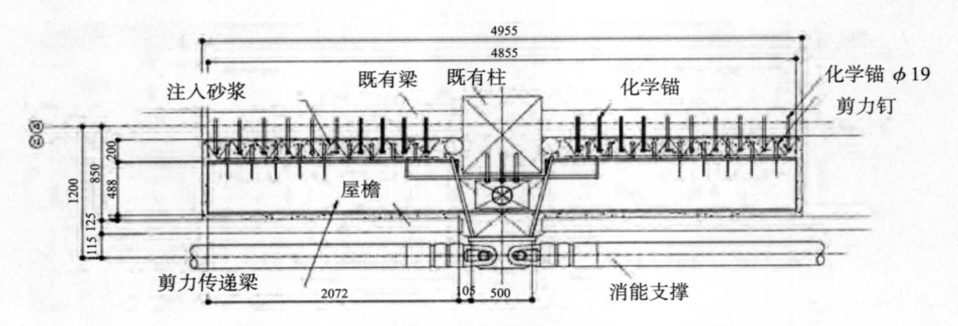

图4.21 框架与屈曲约束支撑之间的连接详图[63]

新立面的热性能（图4.22和图4.23）也使用计算流体动力学（CFD）的分析方法进行了调查，证明百叶窗能有效遮挡夏日阳光，冬天可作为轻型搁板改善采光，同时作为双表层提高能源效率。

施工顺序如图4.24所示。工程于2005年7月动工，2006年3月竣工。喧闹的建筑活动在大学假期期间的第二个月进行，对住户的干扰最小。图4.24所示为周边区域的改造过程。图4.24（a）为原屋檐，图4.24（b）为屋檐内连接梁的设置。图4.24（c）给出了屈曲约束支撑在混凝土框架上的连接情况，图4.24（d）给出了屈曲约束支撑上的外表层连接情况。在支撑连接[图4.25（b）]之前，柱的碳纤维加固已经完成[图4.25（a）]。图4.26为改造完成后的建筑立面，呈现出彻底更新的外观。由于不需要额外的桩，改造工作在普通的改造成本范围内进行，甚至包括了外表层。

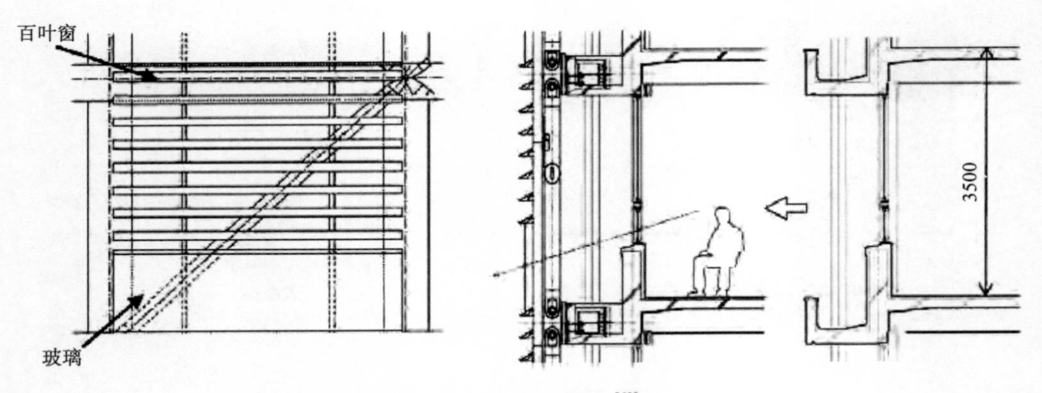

图4.22 外表层详图[63]

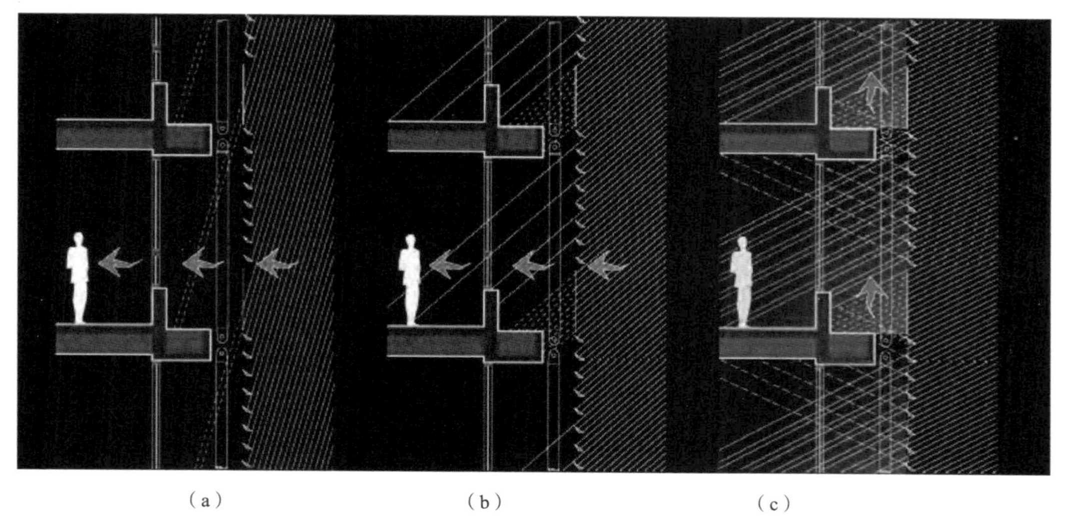

（a）　（b）　（c）

图 4.23　外表层环境效应：（a）夏季；（b）春 / 秋季；（c）冬季 [63]

（a）　（b）　（c）　（d）

图 4.24　外围施工流程：（a）原有屋檐；（b）设置钢梁；（c）屈曲约束支撑连接；（d）百叶窗和玻璃（摄影：T. Takeuchi）[63]

（a）　（b）

图 4.25　（a）碳纤维加固应用前后及（b）屈曲约束支撑连接（摄影：T. Takeuchi）

（a） （b）

图 4.26 改造后的建筑立面：（a）全景图；（b）详图

4.2.2 土耳其伊斯坦布尔使用有屈曲约束支撑的钢筋混凝土教学楼响应控制改造的全尺寸实验

对土耳其典型的低于标准的 5 层楼钢筋混凝土教学楼（图 4.27）所实施的屈曲约束支撑和弹性钢框架的响应控制改造进行了设计和实验确认。教学楼于 1992 年建于伊斯坦布尔，该市位于高风险地震带。混凝土平均抗压强度为 20MPa，结构构件截面及钢筋不满足土耳其现行设计规范。[47] 每层楼高 H_1=3.2m。本研究中，在屈曲约束支撑改造方法实施前后，仅在纵向（即较弱的方向）上对建筑物进行了调查，并对结构性能进行了评价。[64]

4.2.2.1 项目目标

为了将消能装置应用于钢筋混凝土结构的改造，需要对连接进行精心设计。例如，一个具有挑战性的任务是：要以实用方式在现有的钢筋混凝土框架上实现屈曲约束支撑在平面内的连接。最普遍推荐的配置之一是：在现有钢筋混凝土框架内插入有消能装置的钢框架，如图 4.28 所示。其实现途径是：把后固定的化学锚连接于钢筋混凝土框架，并把剪力钉焊接到钢框架上，同时使用砂浆填料和箍筋建立连续性。《日本现行钢筋混凝土结构抗震诊断标准》[65] 建议：将此连接按含有消能装置的钢框架的综合强度进行设计。根据所提出的申请，所有的改造工程都在大楼外进行，这样就可以在尽量减少教学干扰的情况下让教学楼保持运作。

更详细地说，建议的屈曲约束支撑改造系统包括一个补充钢框架（SF），其设计具有弹性，并与屈曲约束支撑平行安装，这样一来，钢框架就增强了系统刚度和恢复能力。所有屈曲约束支撑采用低屈服点钢芯（LYP225），或焊接或螺栓连接到对钢框架不可或缺的结点板上。钢筋混凝土和钢框架之间的连接由钢钉、化学锚、梯箍和高强度灰浆组成。标为砂浆区的该连接界面提供了显著的复合作用，在随后的测试结果中可以清楚地识别出来。

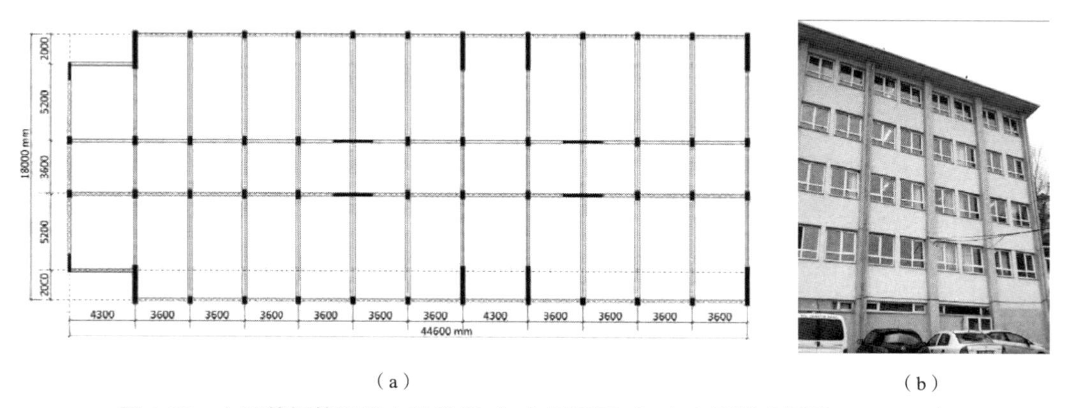

图 4.27　土耳其钢筋混凝土教学楼：（a）平面图；（b）立面图（摄影：F. Sutcu）

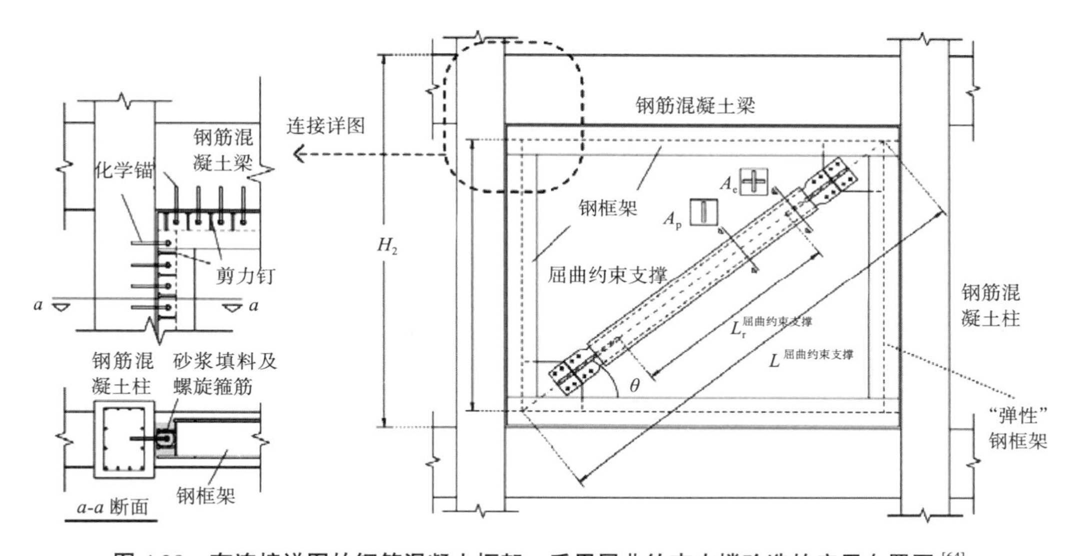

图 4.28　有连接详图的钢筋混凝土框架，采用屈曲约束支撑改造的应用布置图 [64]

建议的改造应用有望降低残留的层间漂移比，增强自动定心特征，并在发生重大地震事件后让建筑物具有可修复性。此外，钢框架增加了相关钢筋混凝土柱的轴向剪切和抗弯能力，这在类似的应用中尤为重要，因为屈曲约束支撑构件的加入会增大柱的抗震需求。

4.2.2.2　设计、性能确认及应用

改造工程的目标层间漂移比在各种规范中都有规定。在美国国家地震减灾计划（NEHRP）对《建筑物修复指南》的评论（FEMA 273）[66]，以及 FEMA 356 [67] 和 ATC-40 [68] 中，实现即时占用的最大层间漂移比被限制在 1/100。然而，日本现有的钢筋混凝土结构抗震诊断标准 [65] 推荐为 1/150，这也应用于本案例。

在参考文献 [59] 中详细描述了教学楼响应控制改造方案的设计步骤。图 4.29（a）给出了现有钢筋混凝土框架的静力弹塑性分析曲线，基于等效能量，通过将其理想化为三线性模型，从而加以简化[图4.29（b）]。特征值分析表明，初始周期 T_0=0.7s，当量质量 M_{eq}=4433.5t，高度 H_{eq}=10.5m。初始等效刚度为 K_f=332.8kN/mm。目标层间漂移比为1/150时，得到框架延性（μ_f）为1.42。

对屈曲约束支撑的取值为：核心面积 A_c=55.5cm^2，屈服强度225N/mm^2，塑性长度比 L_p/L_0=0.5，弹性面积比 A_e/A_c = 2.5（图4.28和表4.2）。在 θ=36.4°的角度下，采用 $W10\times10\times49$（H-250×250×9×14）钢柱和屈服强度为325N/mm^{2}的钢梁组成的钢框架，在其上安装屈曲约束支撑，钢框架与屈曲约束支撑的刚度比为0.047。阻尼器对框架刚度的影响，计算为阻尼器对框架水平刚度的初始刚度 K_d/K_f=2.25，对应于屈曲约束支撑和钢框架体系抵抗30%基底剪力的情况。然后计算该系统的等效阻尼为 ξ_{eq}=0.22，其等效周期为 $T_{\Sigma\mu}$=0.81s。

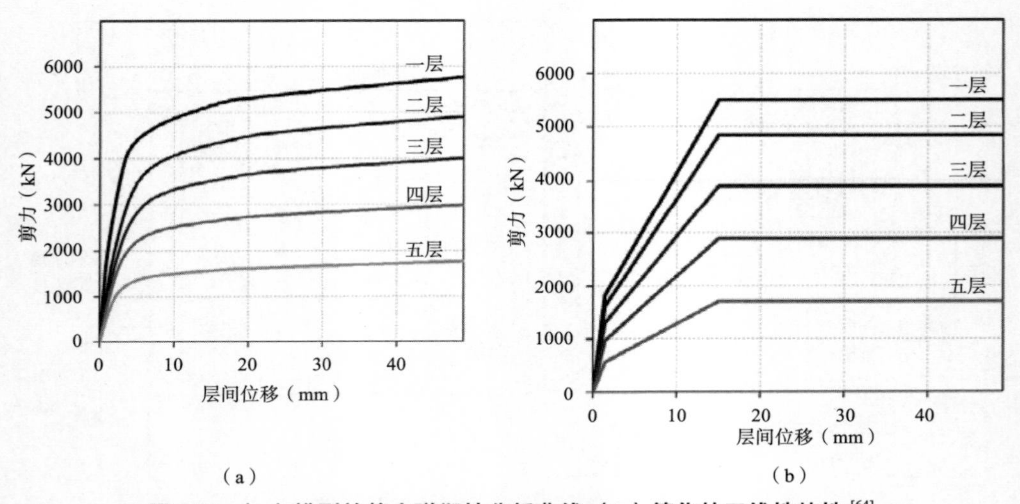

图4.29 （a）模型的静力弹塑性分析曲线；（b）简化的三线性特性 [64]

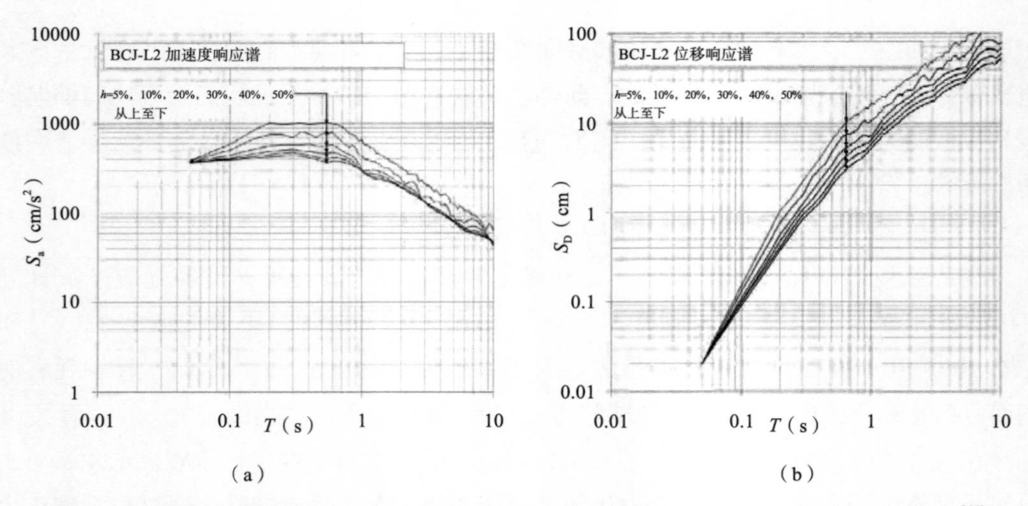

图4.30 （a）加速度；（b）位移设计响应谱（h=5%、10%、20%、30%，40%，50%） [64]

设计谱如图 4.30 所示，改造后的框架产生的光谱位移为 6.69cm，对应 1/157 层间漂移比，实现了目标层漂移。然后根据公式（4.1）计算出每一级 n_{di} 安装的屈曲约束支撑数量。

$$n_{di} = \frac{K_{di} \cdot \delta_{dyi}}{Q_{dy1}} \tag{4.1}$$

式中：

K_{di}——单个屈曲约束支撑的刚度；

Q_{dy1}——单个屈曲约束支撑的屈服力；

δ_{dyi}——屈服位移，可以用 $\delta_{dyi}=(H_1/H_{eq})\delta_{dy}$ 从单一自由度（SDOF）模型的缩放比例上求得。

为了进行比较，还评估了一种采用传统支撑（CBs）的改造替代方案。设计传统的支撑截面，使用的材料与屈曲约束支撑的相同。屈曲约束支撑和传统支撑的构件清单如表 4.2 所示。针对裸钢筋混凝土框架、无钢框架屈曲约束支撑及两种改造方案（图 4.31）进行集中质量模型的时程分析，传统支撑采用柴田 - 若林（Shibata-Wakabayashi）提出的后屈曲滞后模型进行建模。[69]

《日本抗震规范》[44] 定义的二级设计基础地震（BCJ-L2）获得的最大楼层漂移如图 4.31 所示。裸钢筋混凝土框架大大超过目标漂移（带圆点的实线），而屈曲约束支撑改造（带菱形点的实粗线）将响应控制在 1/150 的可接受范围内。然而，当不用钢框架时，破坏集中在第二层，获得的该层漂移略高于目标位移（带三角形点的实线）。由于受传统支撑在抗压和抗拉中的不平衡性状影响，一旦发生屈曲，破坏往往集中在第一层（带圆点的虚线）。

每个楼层应用的屈曲约束支撑和传统支撑数目　　**表** 4.2

	屈曲约束支撑截面	K_{di}（kN/mm）	屈曲约束支撑数量	传统支撑截面	传统支撑数量
五层	222mm × 26mm A_p=5550mm² 塑性核 钢限制器盒 无粘结性材料 砂浆填实	850	4	W8 × 8 × 35 A=6540mm²	4
四层		1450	6		6
三层		1950	8		8
二层		2425	9		9
一层		2750	11		11

在拟定的改造中，钢框架旨在保持弹性，提供有效的恢复力并减小残余位移。图 4.32 显示了裸架和改造架的位移时程，包括带和不带补充钢框架的情况。一般来说，屈曲约束支撑在控制响应上是有效的，但只有纳入钢框架时，才能消除残余漂移。

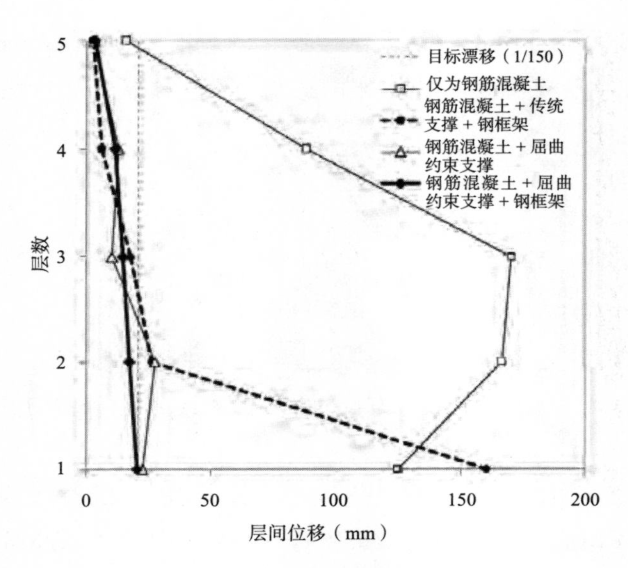

图 4.31 最大层间位移分布 [64]

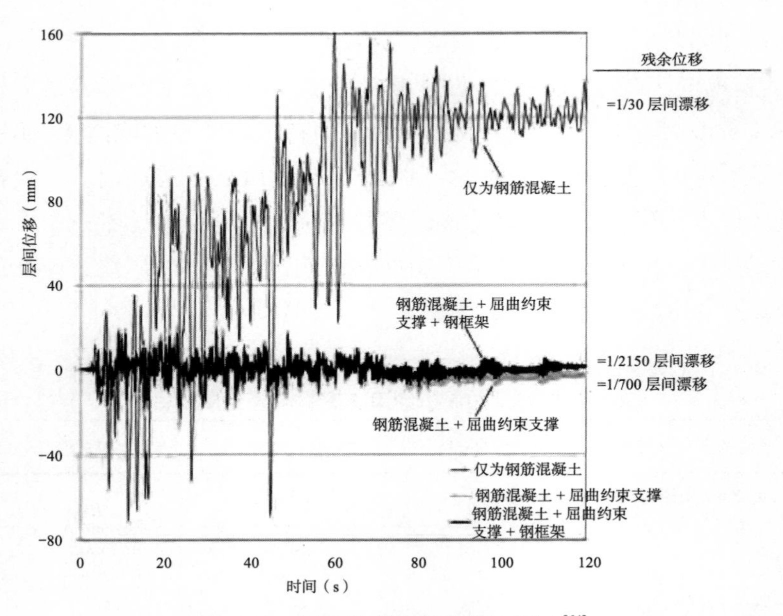

图 4.32 层间位移时程（第二层） [64]

图 4.33 示出了伊斯坦布尔技术大学的全尺寸改造组件试验 [70]，旨在验证复合响应和连接部件有效性。测试样本被确定为：

——R 模型：裸钢筋混凝土框架；

——RS 模型：带同心钢框架的钢筋混凝土框架；

——RSB 模型：带同心钢框架和屈曲约束支撑的钢筋混凝土框架。

图 4.33　屈曲约束支撑 + 钢框架钢筋混凝土改造的循环加载试验（摄影：F. Sutcu）

将带同心钢框架的钢筋混凝土框架模型作为拟定的改造方法的中间步骤进行研究，其试验结果有助于区分钢框架的效果。将循环加载试验的荷载 - 位移滞变回线与拟定的模型进行对比，结果如图 4.34 所示。计算了沿振幅和周期的等效阻尼比，结果如图 4.35 所示。实验活动的主要观察结果如下：（a）纳入屈曲约束支撑和钢框架显著改善了结构性能；（b）在改造 1/150 目标层漂移时，改造后的试件未见明显结构破坏；（c）与裸钢筋混凝土框架相比，横向强度增加了 9 倍，消能增加了 3 倍（图 4.34 和图 4.35）；（d）未观察到屈曲约束支撑的全局或局部屈曲。

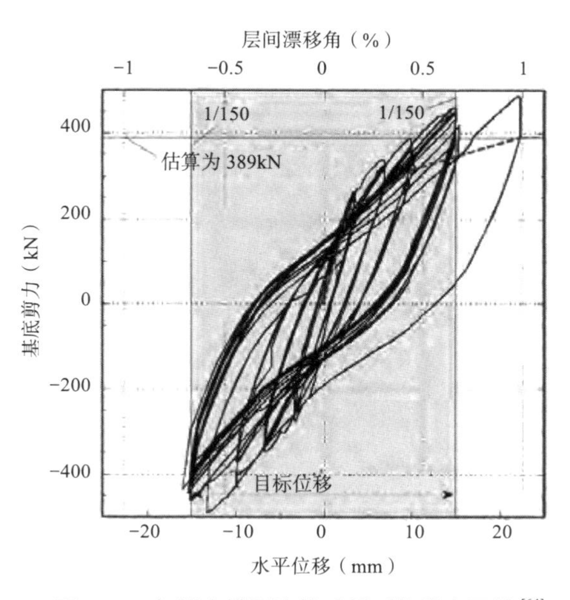

图 4.34　与拟定模型比较后得到的滞变回线 [64]

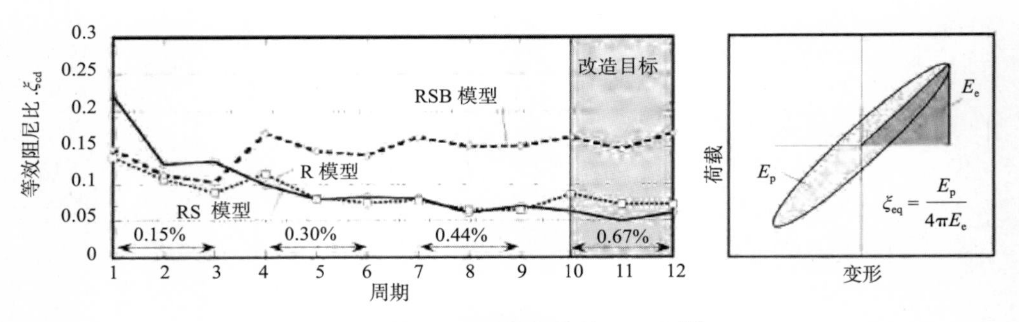

图 4.35 沿振幅和周期的等效阻尼比 [64]

在改造目标层间漂移之前，钢框架应变测量值一般处于或低于屈服水平，表明钢框架在达到目标改造水平之前可以保持弹性。在大地震过程中，这显著提高了改造框架的自动定心性能。在实际应用中，由于屈曲约束支撑在大变形下具有更充分、更稳定的滞后性状，因此考虑到更大的抗震需求或更大的目标漂移，钢框架还可以在更大的漂移范围内保持弹性。应变计也连接到钢筋混凝土框架的钢筋上。虽然表明有几处屈服，但仍然保持了钢筋混凝土框架的结构完整性，同时观察到控制分布塑性和钢筋混凝土构件的延性性状和最小开裂。

4.2.3 新西兰基督城使用黏滞阻尼器改造 8 层楼钢筋混凝土建筑物

位于新西兰克赖斯特彻奇的热华大厦的抗震加固，采用的是一个 8 层延性钢筋混凝土双向抗弯框架。该大厦建于 20 世纪 90 年代中期，主要框架构件采用了能力设计和现代延性钢筋细部设计。对建筑的评估表明，在基于设计的地震中，楼层漂移可能超过 5%（1/1000 年地震事件），见图 4.36。

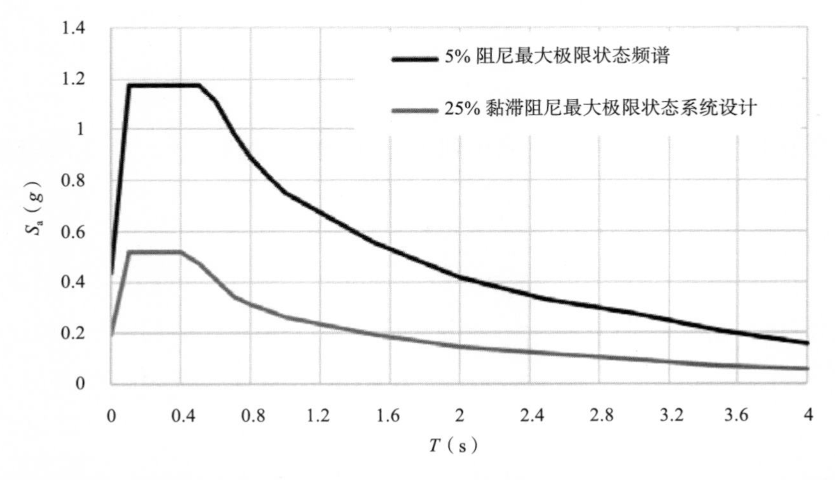

图 4.36 弹性设计谱及与目标黏滞阻尼和所用的延性力折减系数（μ_{eff}）相关的设计谱

4.2.3.1　项目目标

采用流体黏滞阻尼器（FVD）和屈曲约束支撑的抗震加固方案，以解决漂移过多的问题，在设计荷载作用下，改造层间的漂移目标为 1.5%。该目标的设置是为了解决由于弯矩 - 框架旋转和梁伸长导致的预制空心核心底座的潜在破坏或损失（发生在有很大延展性要求的情况下）。引入流体黏滞阻尼器限制楼层加速度的增加，从而避免采用更为传统的支撑框架法加固结构。

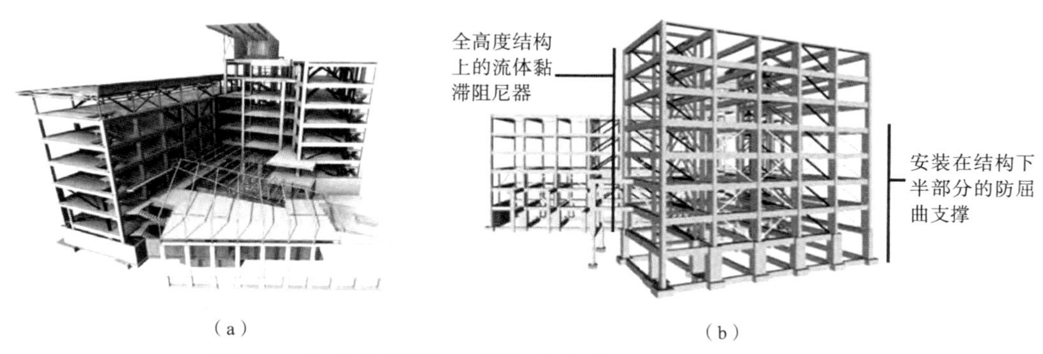

图 4.37　（a）结构框架三维模型；（b）非线性时程分析模型

图 4.37（a）为该建筑综合体的三维图像，包括图 4.37（a）所示的加固框架，以及非线性时程分析模型 [图 4.37（b）]，该模型显示了流体黏滞阻尼器和防屈曲支撑在建筑立面上的延伸。

由于装置阻力与速度有关，使用流体黏滞阻尼器进行改造，通常被认为有利于限制现有柱和基础对额外力的需求。然而，在实践中，由于支撑框架结构的轴向柔性，这种优势在效果上有所降低。这种柔性使得流体黏滞阻尼器的峰值恢复力趋向于仅略微向主框架结构的反相位发展。在改造项目背景下，从轴向加强连接结构的机会是有限的，设计师应该意识到该相互作用，以及阻尼器的潜在效率降低的情况。

4.2.3.2　设计和性能确认

在这个例子中，地震响应从 5% 减小到 1.5% 的楼层漂移，比流体黏滞阻尼器单独达到的要多，特别是纳入框架刚度相互作用时更是如此。因此，屈曲约束支撑的使用是一种对关键较低楼层进行结构加固的手段，使阻尼器能够有效减少建筑物变形，从而满足加固目标和控制楼层加速度要求。图 4.38 提供了设计水平（最大极限状态）和破坏极限状态（CLS）地震动两者的峰值楼层漂移和楼层加速度的简明包络线图。值得注意的是，在保持相对较低的楼层加速度的同时，组合改造方案精准地满足了目标漂移。

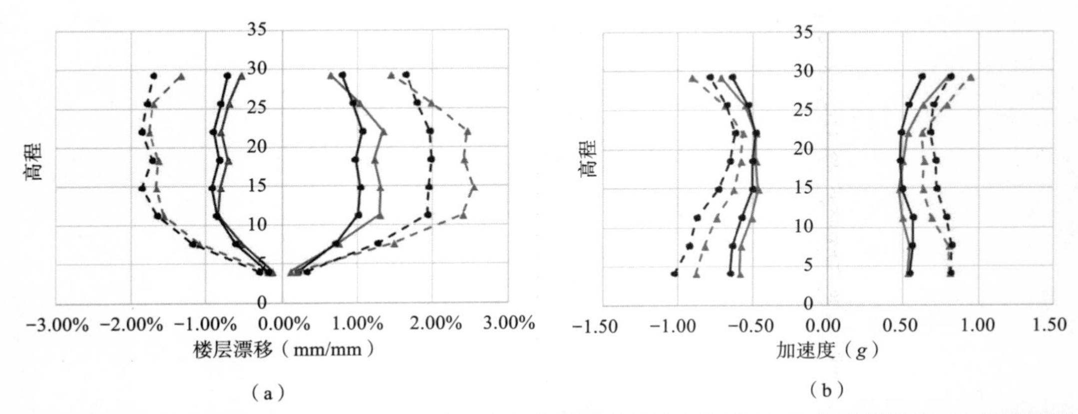

图 4.38 1/1000 年（实线）和 1/2000 年（虚线）地震响应的包络线图：（a）层间漂移；（b）峰值楼层加速度。黑色和灰色的线表示整体的 X 和 Y 面内的响应方向

流体黏滞阻尼器的设计目的是为 1/1000 年的设计基准地震提供必要的恢复力贡献和补充阻尼比。这是基于位移的方法评估的，其中目标层间漂移由上文提到的 1.5% 的限值确定。所用的直接基于位移的方法如参考文献 [71] 所述。

非线性时程分析用于验证加固建筑物的可接受性能。一组记录被用来确认设计基准地震反应和最大考虑地震反应。建筑物每个位置的阻尼器的力和冲程容量根据最大考虑地震（1/2000 年）事件来规定，以确保系统中存在一定的储备能力。

考虑到目标建筑物响应的显著降低，建筑物低层的阻尼器容量约为 2400kN。图 4.39 是其中一个阻尼器在最终状态下的实例。

图 4.39 带延长管以产生阻尼框架的流体黏滞阻尼器（摄影：J. White）

流体黏滞阻尼器的技术要求应参考国际公认的设计和测试规范，通常允许与指定的性能有一定数量的差异。然而，设计师应确保在响应速度的潜在范围内，在原型或质量控制测试中记录的阻尼力不超出可接受的公差范围。图 4.40 中所示的测试响应曲线的实例（力与冲程速度）给出了设计规范响应的可接受范围。

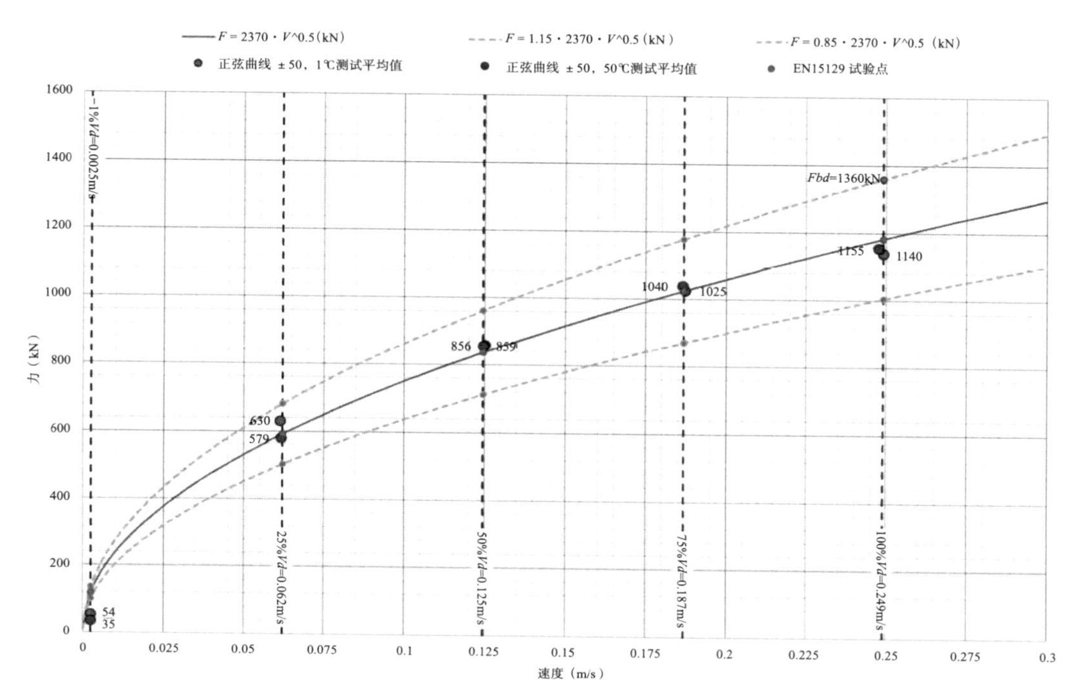

图 4.40　从服务能力到最大考虑地震的激活速度范围的流体黏滞阻尼器性能曲线示例。相对于目标性能（实曲线）和可接受范围（虚曲线），深色和浅色的数据点反映了温度为 1℃和 50℃时的测试值

第 5 章　震后调查观察

地震后的调查观察和监测可以提供重要的信息，以了解受检隔震和响应控制结构的有效性。建筑物的目检通常在大地震发生后进行。然而，由于缺乏专门的监测系统，大多数情况下只能对可靠性有限的隔震或响应控制结构的效率进行定性观察。来自这些结构中监测系统的震后数据可以提供有关受审方案有效性的有价值信息。本节介绍了两个日本的建筑案例。

5.1　日本石卷市石卷红十字会医院的隔震医院大楼

石卷红十字会医院位于日本宫城县石卷市，是石卷医疗区唯一一家指定的救灾医院（图 5.1）。除了紧急救援外，该医院还承担了在灾区接受和运送伤病员的任务。医院主楼占地面积 10173m^2，总建筑面积 32486m^2。建筑物地上 7 层，地下 1 层，总高度为 26.2m。设计由日建设计有限公司完成，施工承包商为鹿岛株式会社。建设期自 2004 年 8 月至 2006 年 6 月。[69，72]

（a）

（b）

图 5.1　石卷市红十字会医院[72]

主楼平面图及剖面图见图 5.2（a）和（b），并标示出了隔震系统的位置。天然橡胶支座（NRB）和平面滑动支座用作隔震支座，并添加了 U 型钢阻尼器 [图 5.2（b）]。只含橡胶支座的结构自振周期为 5.39s，进而减少到 3.73s，包括在位移 490mm 时滑动支座的等效刚度。U 型钢阻尼器和滑块的总剪力几乎等于建筑物总重量的 5%。

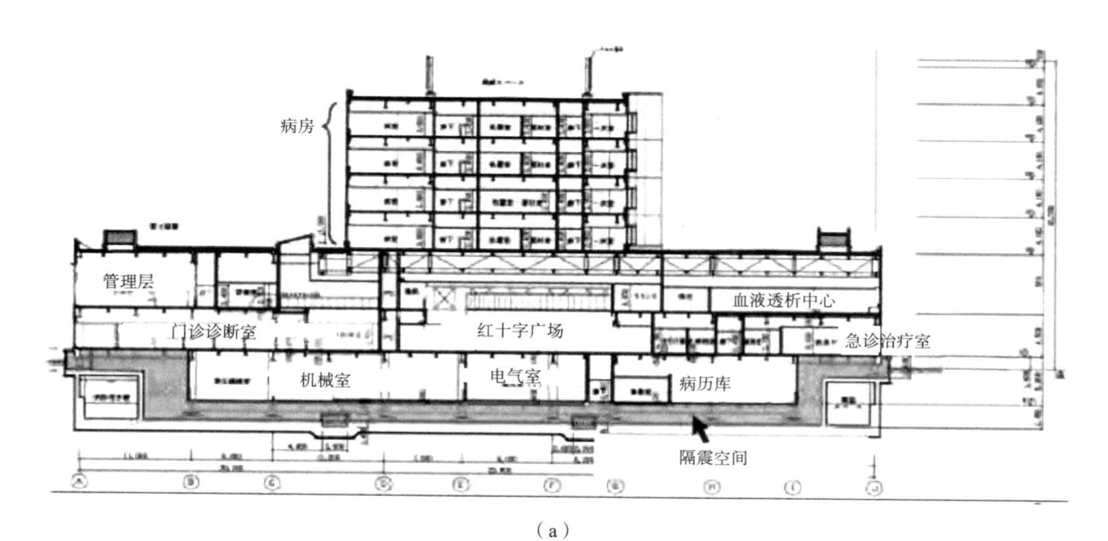

（a）

一层地库以下的滑动支座和天然橡胶支座

U 型钢阻尼器

地库一层以下的天然橡胶支座

地面层以下的滑动支座和天然橡胶支座

（b）

图 5.2　石卷市红十字会医院主楼：（a）剖面图；（b）平面图 [72]

2011 年 3 月 11 日，在日本东部大地震期间，石卷市记录的地震动峰值加速度 PGA=633cm/s^2，建筑物隔震层记录的东西方向最大位移为 260mm。这几乎是最大允许位移 490mm 的一半。六层的最大加速度响应预计将减少到 150cm/s^2 左右。在整个建筑物中，包括主要医疗设施和机器在内，没有发生重大破坏，也没有人员受伤。书柜、文件夹和堆放在桌子上的文件掉落一地，如图 5.3 所示，救援活动在清理完毕后开始。

图 5.3 办公室掉落的文件[72]

一层的大堂被重新布置，用来接待轻伤患者，而等候厅则挤满了重伤患者（图 5.4）。在伤者接受治疗的主楼前，设置了临时救援帐篷（图 5.5）。

图 5.4 灾后空地利用：（a）平时使用的大堂；（b）震后使用的大堂；（c）平时使用的等候厅；（d）震后使用的等候厅[72]

图 5.5　用于紧急手术的临时救援帐篷[72]

隔震层记录轨道如图 5.6 所示。东西向最大移动距离为 +260 ～ −170mm，南北向最大移动距离为 +100 ～ −60mm。隔震支座内未观察到撕裂或破坏。研究了 U 型钢阻尼器的低周弹塑性变形能力。疲劳试验表明，每个阻尼器仍然都有足够的塑性变形能力，因此决定在地震后继续沿用。

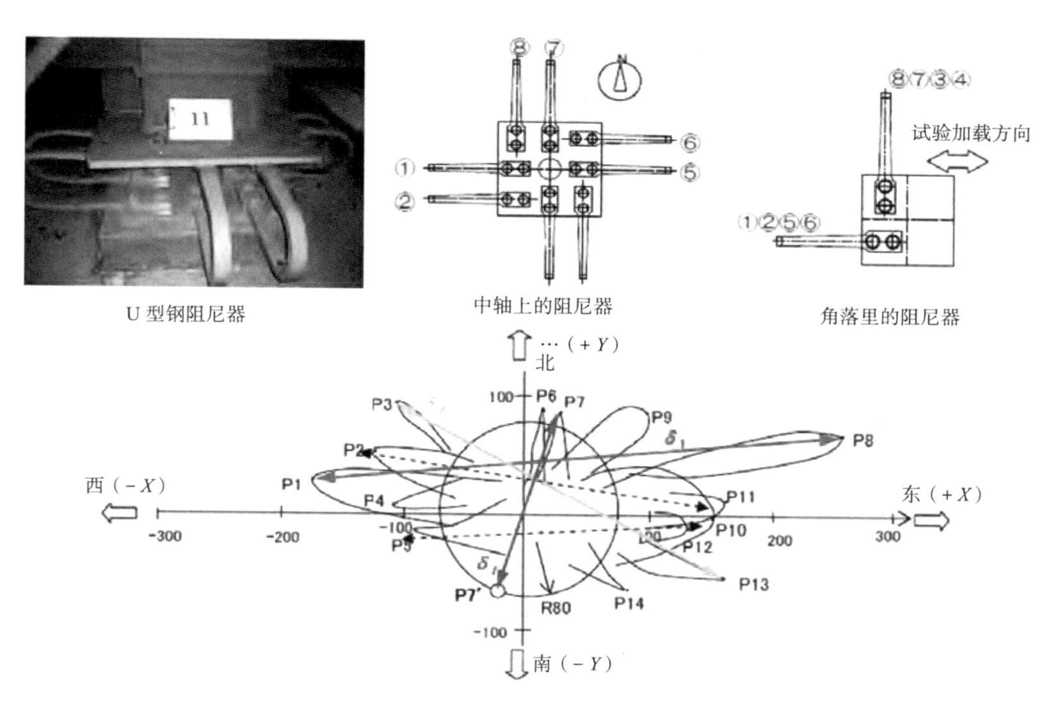

图 5.6　隔震层轨道记录[72]

5.2 日本福岛郡山大眼大厦，有黏弹性阻尼器和有屈曲约束支撑的高层建筑物

郡山大眼大厦是一幢钢结构高层建筑，该建筑有黏弹性阻尼器和屈曲约束支撑，在 2011 年日本东北地震中经受了设计水平下的地震动，达到了即时占用性能水平。图 5.7 显示了位于日本福岛的郡山大眼大厦，于 2001 年竣工。该建筑物有 24 层，高 132.6m。在两个方向上提供了由方形空心截面柱和工字形截面梁组成的钢力矩构架，设计的楼层屈服漂移比极限约为 1%。该阻尼器系统包括一层至七层的屈曲约束支撑滞后阻尼器，用于控制地震响应，以及八层至二十层的支撑型黏弹性阻尼器，用于抵抗地震和风振。采用低屈服钢（LY225）和短塑性长度（$L_p/L_0 = 0.25 \sim 0.3$）的芯材，设计和制造的屈曲约束支撑的层间漂移比仅为 0.13% ~ 0.16%。设计级地震（PGV=50cm/s）下，该消能系统有效地保持了主框架的弹性，与传统延性设计相比，减少了钢吨位。[32]

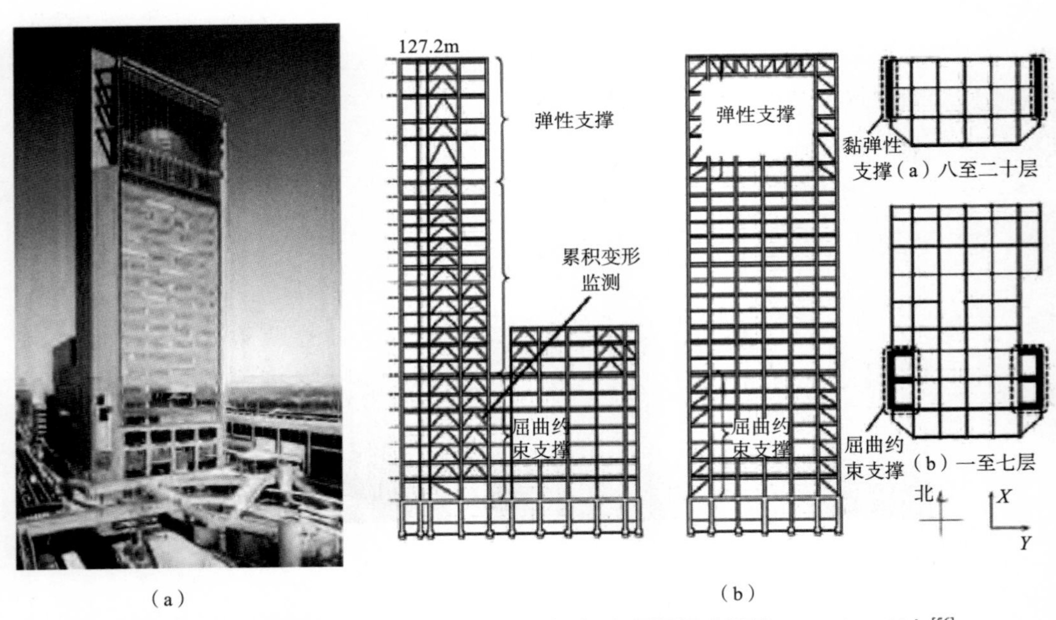

图 5.7 日本福岛郡山大眼大厦：（a）照片；（b）侧视图（摄影：T. Takeuchi）[56]

主要的设计目标之一是在设计级地震下保持主框架在弹性范围内。在设计阶段，通过对不同阻尼器配置和组合在一组地震运动下的时程分析，考察了两种不同阻尼器的使用效果。图 5.8 为滞后阻尼器与黏弹性阻尼器[图 5.8（a）]、仅使用滞后阻尼器[图 5.8（b）]和仅使用黏弹性阻尼器[图 5.8（c）]的最大的层间位移结果对比，滞后阻尼器与黏弹性阻尼器的组合有效性很明显。

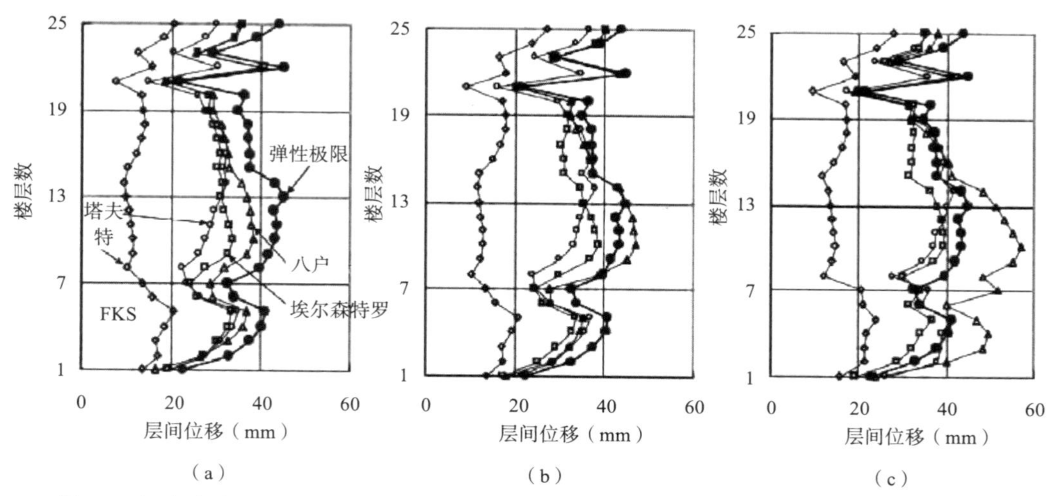

图 5.8 （a）有滞后和黏弹性阻尼器的时程分析结果；（b）只有滞后阻尼器的时程分析结果；（c）只有黏弹性阻尼器的时程分析结果[56]

在 2011 年东北大地震的灾后调查中，距震中 23km 的郡山大眼大厦记录下显著的变形，因为在该大厦安装了累积变形和峰值变形记录装置（图 5.9）。附近的 K-Net 站（FKS018）记录了 1.1g 峰值地面加速度，但光谱加速度仅为 0.08g（T= 3s，h=5%）。利用累积变形测量值和地震记录对有限元模型进行标定，确定应变时程，并估算残余累积破坏指数。

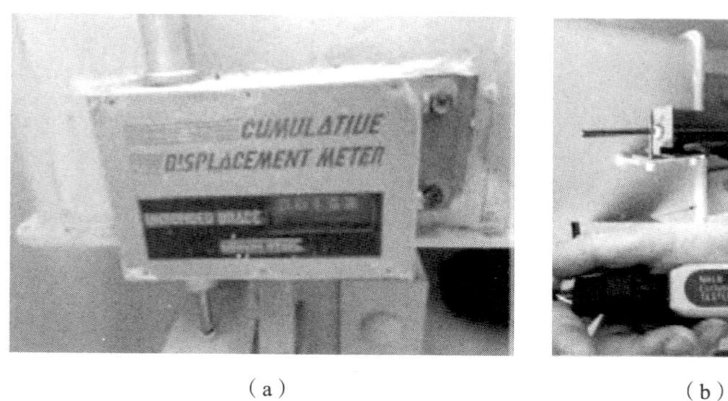

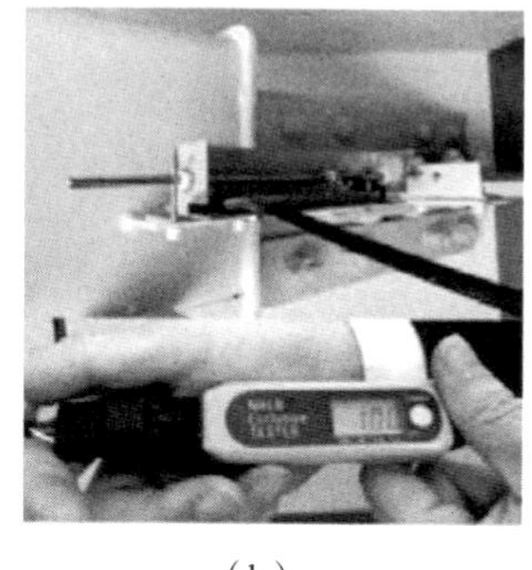

（a）　（b）

图 5.9 （a，b）郡山大眼大厦上的变形监测装置（摄影：T. Takeuchi）

最初的目测检查表明，只有名义屈服的可能性，桌面研究以变形读数为基准，显示在 Y 方向上的峰值延性需求为 $\mu \approx 3.8$，累积塑性应变为 $\Sigma\varepsilon_p \approx 22\%$（$\Sigma\varepsilon_p/\varepsilon_y \approx 200$）。在资格预审考察期间，供应商进行了恒振幅试验，得出疲劳曲线，用来确认该事件的实际破坏指数小于累积容量（轴向塑性变形）的 6%，为预期的未来强地震动留下了大量剩余容量，并证明了将所有屈曲约束支撑留在原位的决定的正确性。

这一经验说明了震后检查的几个关键知识点：

1. 目测是峰值或累积延性需求的不可靠指标；

2. 位移监测装置是非常宝贵的，也是在没有直接进入芯部的情况下确认延性需求和储备能力的唯一可靠手段。重要的是确保监测装置的可达性，建筑物维修人员熟悉装置的功能和操作，并保持定期检查和记录，包括所有大地震后的检查和记录；

3. 场地加速度记录和屈曲约束支撑的特定疲劳曲线可以为剩余容量提供定量论证；

4. 设计良好的屈曲约束支撑可以承受多次严重的地震，即使在显著的屈服后也不一定需要更换；

5. 黏弹性阻尼器未见损坏。

参考文献

[1] N. Anwar, T. H. Aung, and F. Najam, "From Prescription to Resilience: Innovations in Seismic Design Philosophy.", *Technology*, vol.8, 2016.

[2] REDi, "REDiTM rating system: Resilience-based earthquake design initiative for the next generation of buildings". Arup Publications, 2013.

[3] Department of Homeland Security (DHS), "National Infrastructure Protection Plan". Washington D.C.: Department of Homeland Security, 2009.

[4] M. Melkumyan, "The behavior of retrofitted buildings during earthquakes: New technologies, " in *Building safer cities: the future of disaster risk*, Washington, D.C:World Bank, 2003, pp. 293-299.

[5] https://commons.wikimedia. org/wiki/File: Oakland_City_Hall_(Oakland, _ CA)_ 2.JPG.

[6] https://commons.wikimedia.org/w/index. php?curid=5658910.

[7] G. Mylonakis and G. Gazetas, "Seismic soil-structure interaction: beneficial or detrimental?", *Journal of Earthquake Engineering*. vol. 4, no.3, pp.277-301, Jul. 2000. https://doi.org/10.1080/13632460009350372.

[8] J. Kelly, "Shake table tests of long period isolation system for nuclear facilities at soft soil sites", University of California at Berkeley, UBC/EERC-91/03, 1991.

[9] C. S. Tsai, C.-S. Chen, and B.-J. Chen, "Effects of unbounded media on seismic responses of FPS-isolated structures", *Structural Control & Health Monitoring*, vol.11, no.1, pp.1-20, Jan. 2004. https://doi.org/10.1002/stc.28.

[10] C. C. Spyrakos, Ch. A. Maniatakis, and I. A. Koutromanos, "Soil-structure interaction effects on base-isolated buildings founded on soil stratum", *Engineering Structures*, vol. 31, no.3, pp. 729-737, Mar. 2009. https://doi.org/10.1016/j.engstruct.2008.10.012.

[11] G. Manolis and AA. Markou, "A distributed-mass structural system for soil-structure-interaction and base isolation studies", Special Issue honoring Professor Anthony N. Kounadis on the occasion of his 75th birthday. *Archive of Applied Mechanics*, vol. 82. pp.1513-1529, 2012. https://doi. org/10.1007/s00419-012-0659-8.

[12] C. Giarlelis, J. Keen, E. Lamprinou, V. Martin, and G. Poulios, "The seismic isolated Stavros Niarchos Foundation Cultural Center in Athens (SNFCC)", *Soil Dynamics and Earthquake Engineering*, vol. 114, pp. 534 -547, Nov. 2018. https://doi.org/10.1016/j.soildyn.2018.05.011.

[13] T. Tomizawa *et al.*, "Vibration test in a Building named 'Chisuikan' using Three-dimensional Seismic Isolation System", presented at the 15WCEE, Lisbon, Portugal, 2012.

[14] https://commons.wikimedia.org/wiki/File:GERB_spring_with _damper. jpg.

[15] Bridgestone, “Seismic Isolation Product Line-up: High Damping Rubber Bearing, Lead Rubber Bearing, Natural Rubber Bearing and Elastic Sliding, Bearing”, Bridgestone Corporation, 2017.

[16] P. M. Calvi and G. M. Calvi, “Historical development of friction-based seismic isolation systems”, *Soil Dynamics and Earthquake Engineering*, vol. 106, pp.14-30, Mar. 2018.https://doi.org/10.1016/j.soildyn.2017.12.003.

[17] S. Barone, G. M. Calvi, and A. Pavese, “Experimental dynamic response of spherical friction-based isolation devices”, *Journal of Earthquake Engineering*, vol. 23, no. 9, pp.1465-1484, Oct.2019. https://doi.org/10.1080/13632469.2017.1387201.

[18] D. Cardone, G. Gesualdi, and P, Brancato, “Restoring capability of friction pendulum seismic isolation systems”, *Bulletin of Earthquake Engineering*, vol. 13, no. 8, pp.2449-2480, Aug. 2015. https://doi.org/10.1007/s10518-014-9719-5.

[19] A.Tsiavos, T. Markic, D. Schlatter, and B. Stojadinovic, “Shaking table investigation of inelastic deformation demand for a structure isolated using friction-pendulum sliding bearings”, p.12 p., 2021. https://doi.org/10.3929/ETHZ-B-000474263.

[20] A. Pavese, M. Furinghetti, and C. Casarotti, “Investigation of the Consequences of Mounting Laying Defects for Curved Surface Slider Devices under General Seismic Input, ” *Journal of Earthquake Engineering*, vol.23, no. 3, pp. 377-403, Mar.2019. https://doi.org/10.1080/13632469.2017.1323046.

[21] A. Mokha, M. C. Constantinou, A. M. Reinhorn, and V. A. Zayas, “Experimental Study of Friction-Pendulum Isolation System”, *Journal of Structural Engineering*, vol.117, no.4, pp.1201-1217, Apr.1991.https://doi.org/10.1061/(ASCE)0733-9445(1991)117:4(1201).

[22] P. Tsopelas, C. Constantinou, Y. S. Kim, and S. Okamoto, “Experimental Study of FPS System in Bridge Seismic Isolation”, *Earthquake Engineering and Structural Dynamics*, vol.25, no. 1, pp. 65-78, 1996. https://doi.org/10.1002/(SICI)1096-9845(199601)25:1<65::AID-EQE536>3.0.CO; 2-A.

[23] F. Naeim and J. M. Kelly, *Design of seismic isolated structures: from theory to practice.* New York: John Wiley, 1999.

[24] Nippon Steel Engineering, “Nippon Steel-Spherical Sliding Bearing Catalogue”. Nippon Steel, 2020.

[25] THK CO., LTD., “THK Base Isolation Catalog-Technical Book”. THK CO., LTD.

[26] Nippon Steel & Sumikin Engineering, “NS-U(U-Shaped Steel Damper)”. Nippon Steel & Sumikin Engineering, 2020.

[27] T. Takeuchi, *Design of Seismic Isolation and Response Control.* AIJ Kanto Press, 2007.

[28] D. Taylor and M. Constantinou, “Fluid Dampers for Applications of Seismic Energy Dissipation and Seismic Isolation”. Taylor Devices Inc., 2000.

[29] V. A. Zayas, S. S. Low, and S. A. Mahin, “A Simple Pendulum Technique for Achieving Seismic Isolation”, *Earthquake Spectra*, vol. 6, no. 2, pp. 317-333, May 1990. https://doi.org/10.1193/1.1585573.

[30] I. G. Buckle, M. Constantinou, M. Dicleli, and H. Ghasemi, "Seismic isolation of highway bridges", University of Buffalo, NY, Research Report MCEER-06-SP07.

[31] C. Giarlelis, C. Kostikas, E. Lamprinou, and M. Dalakiouridou, "Dynamic behavior of a seismic isolated structure in Greece", Beijing, China, 2008.

[32] Japan Society of Seismic Isolation (JSSI), "JSSI Manual: Design and Construction Manual for Passively Controlled Buildings". 2003.

[33] JFE Civil Engineering & Construction Corp., "JFE Vibration Control Column Catalogue". 2019.

[34] T. Sano, K. Shirai, Y. Suzui, and Y. Utsumi, 'Loading tests of a brace-type multi-unit friction damper using coned disc springs and numerical assessment of its seismic response control effects", *Bulletin of Earthquake Engineering*, vol. 17, no.9, pp. 5365-5391, Sep.2019. https://doi.org/10.1007/s10518-019-00671-8.

[35] T. Takeuchi, R. Matsui, and S. Mihara, "Out-of-plane stability assessment of buckling-restrained braces including connections with chevron configuration", *Earthquake Engineering and Structural Dynamics*, vol. 45, no. 12, pp.1895-1917, Oct.2016.https://doi.org/10.1002/eqe.2724.

[36] OILES Corporation, "Viscous Wall Damper", 2020.https://www.oiles.co.jp/en/menshin/building/seishin/products/vwd/.

[37] A. Di Cesare, F. C. Ponzo, D. Nigro, M. Dolce, and C. Moroni, "Experimental and numerical behaviour of hysteretic and visco-recentring energy dissipating bracing systems", *Bulletin of Earthquake Engineering*, vol. 10, no. 5, pp.1585-1607, Oct. 2012.https://doi.org/10.1007/s10518-012-9363-x.

[38] E. Tubaldi, L. Gioiella, F. Scozzese, L. Ragni, and A. Dall'Asta, "A Design Method for Viscous Dampers Connecting Adjacent Structures", *Frontiers in Built Environment*, vol.6, p.25, Mar. 2020.https://doi.org/10.3389/fbuil.2020.00025.

[39] M. Dolce, D. Cardone, and R. Marnetto, "Implementation and testing of passive control devices based on shape memory alloys", *Earthq. Eng. Struct. Dyn.*, vol.29, no.7, pp.945-968, 2000.https://onlinelibrary.wiley.com/doi/10.1002/1096-9845(200007)29:7%3C945::AID-EQE958%3E3.0.CO; 2-%23.

[40] FIP Industriale, "Anti-Seismic Devices". 2016.

[41] CSN EN 15129, "Anti-seismic devices". Brussels: European Committee for Standardisation, 2009.

[42] European Committee for Standardization (CEN), *Eurocode 8: Design of Structures for Earthquake Resistance-Part 1: General Rules, Seismic Actions and Rules for Buildings*.2004, p.229.

[43] American Society of Civil Engineers, *ASCE/SEI 7-16: Minimum Design Loads for Buildings and Other Structures*. 2016.https://doi.org/10.1061/9780784414248.

[44] *Japanese Seismic Code: The Notification and Commentary on the Structural Calculation Procedures for Building with Seismic Isolation*. 2000.

[45] NZSEE, "Guideline for the Design of Seismic Isolation Systems for Buildings". Jun.2019.

[46] CFE: Federal Electricity Commission, "Manual of Civil Structures in Mexico: Seismic Design". Cuernavaca, Morelos, Mexico, 2015.

[47] Turkish Disaster and Emergency Management Authority (AFAD), "Turkish Building Seismic Code". 2018.

[48] Tecno K Giunti, "Seismic Joint Covers". Tecno K Giunti S.r.I., 2020.

[49] CFE: Federal Electricity Commission, "MDS-CFE: Manual de Diseño de Obras Civiles (Diseño por Sismo)". Cuernavaca, Morelos, Mexico, 1993.

[50] J. M. Jara, E. Madrigal, M. Jara, and B. A. Olmos, "Seismic source effects on the vulnerability of an irregular isolated bridge", *Engineering Structures*, vol. 56, pp. 105-115, Nov. 2013.https://doi.org/10.1016/j.engstruct.2013.04.022.

[51] J. M. Jara, M. Jara, H. Hernández, and B. A. Olmos, "Use of sliding multirotational devices of an irregular bridge in a zone of high seismicity", *KSCE Journal of Civil Engineering*, vol 17, no.1, pp.122-132, Jan.2013.https://doi.org/10.1007/s12205-013-1063-9.

[52] A. Ghobarah, A. Biddah, and M. Mahgoub, "Rehabilitation of Reinforced Concrete Columns using Corrugated Steel Jacketing", *Journal of Earthquake Engineering*, vol.01, pp.651-673, 1997. http://doi.org/10.1080/13632469708962382.

[53] R. Watson, "EradiQuake Isolation bearing System", *http://www.roadauthority.com/Product/Details/3312*, May 25, 2020.

[54] RJ Watson, Inc., "ERADIQUAKE: Isolation & Force Control Bearing Devices - Innovation by Design". RJ Watson, Inc. Bridge & Structural Engineered Systems, 2019.

[55] M. D. Symans *et al.*, "Energy Dissipation Systems for Seismic Applications: Current Practice and Recent Developments", *Journal of Structural Engineering*, vol. 134, no.1, pp.3-21, Jan. 2008. https://doi.org/10.1061/(ASCE) 0733-9445(2008)134:1(3).

[56] T. Takeuchi and A. Wada, *Buckling-restrained Braces and Applications*. Japanese Society of Seismic Isolation Press, 2017.

[57] T. Takeuchi, "Structural design with seismic energy-dissipation concept", in *IABSE Conference 2015*, Geneva, Switzerland, Sep.2015, p.2157. https://doi.org/10.2749/222137815815773747.

[58] American Society of Civil Engineers, *ASCE/SEI 41-17: Seismic Evaluation and Retrofit of Existing Buildings*. 2017.

[59] M. Erdik, Ö. Ülker, B. Şadan, and C. Tüzün, "Seismic isolation code developments and significant applications in Turkey", *Soil Dynamics and Earthquake Engineering*, vol.115, pp.413-437, Dec.2018. https://doi.org/10.1016/j. soildyn. 2018.09.009.

[60] C. Giarlelis, D. Koufalis, and C. Repapis, "Seismic Isolation: An Effective Technique for the Seismic Retrofitting of a Reinforced Concrete Building," *Structural Engineering International*, vol.30, no. 1, pp.43-52, Jan.2020.https://doi.org/10.1080/10168664. 2019.1678449.

[61] European Committee for Standardization (CEN), *Eurocode 8: Design of Structures for Earthquake Resistance-Part 3: Assessment and Retrofitting of Buildings.* 2005, p. 81.

[62] The Japan Disaster Prevention Association (JDPA), "Recommendation for Seismic Retrofit for Reinforced Concrete Buildings". 1989.

[63] T. Takeuchi, K. Yasuda, and M. Iwata, "Studies on Integrated Building Façade Engineering with High-Performance Structural Elements", IABSE Symposium Budapest, 2006, pp.442-443. https://doi.org/10.2749/222137806796185526.

[64] F. Sutcu, T. Takeuchi, and R. Matsui, "Seismic retrofit design method for RC buildings using buckling-restrained braces and steel frames", *Journal of Constructional Steel Research*, vol.101, pp.304-313, Oct.2014. https://doi.org/10.1016/j. jcsr.2014.05.023.

[65] JBDPA (Japan Building Disaster Prevention Association), "Standard for Seismic Diagnosis of Existing Reinforced Concrete Structures". 2001.

[66] FEMA 273, "NEHRP Guidelines for the Seismic Rehabilitation of Buildings". Prepared for FEMA by the Applied Technology Council and the Building Seismic Safety Council. Washington, DC, 1997.

[67] FEMA 356, "Prestandard and Commentary for the Seismic Rehabilitation of Buildings". Prepared for FEMA by the American Society of Civil Engineers. Washington, DC, 2000.

[68] Applied Technology Council, "ATC 40 Report: Seismic Evaluation and Retrofit of Concrete Buildings", 1996.

[69] N. Kawamura and Konishi, "Evaluation of the Fatigue Life of U-shaped Steel Dampers after Extreme Earthquake Loading", Sendai, Japan, Sep.2013.

[70] F. Sutcu, A. Bal, K. Fujishita, R. Matsui, O. C. Celik, and T. Takeuchi, "Experimental and analytical studies of sub-standard RC frames retrofitted with buckling-restrained braces and steel frames", *Bulletin of Earthquake Engineering*, vol. 18, no. 5, pp.2389-2410, Mar. 2020. https://doi.org/10.1007/s10518-020-00785-4.

[71] M. J. N. Priestley, G. M. Calvi, and M. J. Kowalsky, *Displacement-based seismic design of structures.* Pavia, Italy: IUSS Press : Distributed by Fondazione EUCENTRE, 2007.

[72] T. Someya, "Seismically Isolated Hospital Offers Ray of Hope in Disaster - Ishinomaki Red Cross Hospital", Sendai, Japan, Sep. 2013.